藏袍结构的人文精神

藏族古典袍服结构研究

刘瑞璞
陈　果　著
王丽琄

中国纺织出版社

内 容 提 要

本书首次以田野调查、文献考案和博物馆标本整理相结合重标本研究的方法，对藏族古典袍服结构进行了系统的信息采集、测绘和复原，并对其结构图谱进行了梳理，确立了藏袍"连袖三开身十字型平面结构"基本形制，其中所表现出的"深隐式插角结构""单位互补裁剪算法""表整内碎的不对称缝缀"的高寒地域服饰形态，诠释了藏族"人以物为尺度"的宗教人文精神。通过藏汉和多民族传统服饰结构的比较研究，藏族服饰结构不仅具有中华服饰"十字型平面结构系统"的共同基因，它们都固守的"布幅决定结构形态"具有中华传统"敬物尚俭"的普世价值，其"深隐式插角结构""单位互补裁剪算法"的"连袖三开身十字型平面结构"承载着中华远古"服制"的人文信息。本书从一个全新视角揭示了藏袍结构图谱在中华传统服饰结构谱系中具有的特殊地位和"一统多元"的文化面貌。

本书在民族服饰文化保护性研究中还提出一些思考：要限制商业性开发和开发性研究，要注重实证考物性学术研究；要挖掘藏族服饰结构在中华传统服饰，甚至人类服饰文化中的史学意义和文献价值，"深隐式插角结构"在人类古代服饰结构中未被发现，"单位互补裁剪算法"在秦简中被发现，但汉代以后失传。这些思考有待学者进一步研究。

图书在版编目（CIP）数据

藏袍结构的人文精神：藏族古典袍服结构研究 / 刘瑞璞，陈果，王丽琄著. -- 北京：中国纺织出版社，2017.3
ISBN 978-7-5180-3296-9

Ⅰ. ①藏… Ⅱ. ①刘… ②陈… ③王… Ⅲ. ①藏族—民族服饰—服装结构—研究—中国 Ⅳ. ① TS941.742.814

中国版本图书馆 CIP 数据核字（2017）第 025476 号

责任编辑：张晓芳　　特约编辑：温　民　　责任校对：寇晨晨
责任设计：何　建　　责任印制：何　建

中国纺织出版社出版发行
地址：北京市朝阳区百子湾东里A407号楼　邮政编码：100124
销售电话：010—67004422　传真：010—87155801
http://www.c-textilep.com
E-mail：faxing@c-textilep.com
中国纺织出版社天猫旗舰店
官方微博 http://weibo.com/2119887771
北京市雅迪彩色印刷有限公司印刷　各地新华书店经销
2017年3月第1版第1次印刷
开本：889×1194　1/16　印张：13.75
字数：211千字　定价：98.00元

序

　　"藏族服饰结构研究"在中华传统服饰结构谱系中有多么重要？是通过对藏族服饰进行系统的博物馆标本研究中发现的。做这样的决定也是因为一次"藏考行动"，深刻体悟到藏民族固有的文化生态所承载的人文密码需要下大力气进行系统研究的考虑，特别在学术上作为小众的服饰研究，历来是"饰"重于"服"，服装研究"纹"重于"技"，总之固守着形而上重于形而下的学术传统，更没有在"纹"和"技"的互证中揭示文化的哲学命题。而使民族服饰文化"构造技艺"迅速且大面积的消失，尽管保护"非物质文化遗产"渐成国策，但在执行过程中商业开发大于学术性研究、保护和传承。这从某种意义上说部分商业开发无益于保护反而加速了它们的消亡，因为未开发意味着它们的原汁原味还在，开发了就不在了，开发得越甚损失越重。博物馆标本的"构造技艺"研究更具有发现物质形态动机的可靠证据，我们说藏袍还保存着藏族固有的生态风貌，但我们拿不到确凿的证据，纹饰图案在演进中已经面目全非，如果隐藏在深处的构造技艺还纯粹的话，这便成为铁证。我们带着在博物馆藏袍标本信息采集和结构图复原的结果，第一次来到藏区，专程访问了藏袍艺人旦真甲，并请他现场完成一件完整藏袍的裁剪，我们惊奇地发现，旦真甲所裁藏袍结构形态与博物馆清末藏袍标本结构图复原的形制完全一样。可见藏族服饰结构的研究价值非常高，就是因为藏族物质文化形态保存得完整且有更确凿的纯粹性，其研究成果呈现"构造技艺"的原生态在史学中具有标志性意义和重要的文献价值。这给本书系统的藏服结构研究和整理增强了信心，以首次建立的高寒地域藏服"三开身十字型平面结构""单位互补裁剪算法"和"深隐式插角结构"，为中华传统服饰"十字型平面结构谱系"填补了藏族空白，更重要的是其独特结构形制的发现，甚至对人类服饰结构研究具有重要的史学意义。

　　藏族服饰独特本真的结构形态保存至今不是孤立的，其深刻性是和他们保持全民信教的社会机制与文化传统有关。藏族服饰可谓亦俗亦教生活方式的缩影，与标本研究同等重要的是秉承田野考察的一手材料、服饰标本与文献相结合的研究方法，更真实可靠地呈现现代藏族服饰与充满教俗生活的文化面貌，试图揭示原生态文化的保护比开发更具有重要的人类学意义。这一点比我国其他少数民族文化保护更具有迫切性和不可逆性。这是因为藏传佛教与汉传佛教自古以来形成了我国佛教的两大系统，不同的是藏族保持着全民信教的生活传统，藏传佛教在他们看来是生活中不可分割的组成部分，因此服饰外射的物质文化载体就更加丰富且奉为圭臬而神秘，例如"嘎乌"佛龛，我们一定会认为它是供在神位的，实际它是挂在胸前的护身符。藏袍普遍运用的"五色缘饰"（襟、袖口、摆等）、五色邦典，实际上它是藏传佛教五大要素，白（水）、黄（地）、红（火）、绿（风）和蓝（空）在服饰中的表现形式，寓诵经愈动愈念。还有手持的转经筒并不是僧侣的法器而是信众的法器，它是将寺庙或通神的念经装置缩小成随身之物的灵器，亦有愈动愈念的功用，念珠也是如此……。因此，传统藏族服饰的研究成果多集中在人类学、美术考古、艺术史的文献研究上，而它们的共同之处就是都不能绕过"佛教艺术"这个基本线索。而恰好正是这种面貌承载了藏族服饰在中华民族传统服饰中唯一一个从古代到现当代没有断裂且广泛使用的服饰特征。然而藏域多地和博物馆标本的考物研究几乎是空白。藏域物质文化多居高寒和遥远蜀道之地，有索物考物之困，非健壮体质的学者多退避三舍。最大的问题还不在于此，学术界视服饰较瓷器、金银器、宝石器等为非主流研究领域，即重"饰"轻"服"，藏族服饰"构造技艺"就更视为"僭越之术"，因此，就是浩繁的《中国古代服饰研究》到了藏族部分也只有只言片语，杨清凡所著《藏族服饰史》可以说是没有考物的文献整理……。本书结合现实藏族服饰考物研究的整理也是本书基于藏族服饰传统与现实同构的考虑。

　　如果我们将本书"藏族服饰结构研究"与"藏族服饰田野考察"结合起来阅读就会发现，其蔚为大观，充满教俗的物质文化生态，从不缺少古老格物致知的深刻性和理智精神。藏袍结构研究确凿的证据说明，无论是"三开身十字型平面结构""单位互补裁剪算法"，还是"深隐式插角结构"，都不以追求对称（美）为目的，而强调"人以物为尺度"的敬物尚俭理念且坚守得如此牢固和久远，这比汉地"天人合一"的古老哲学似乎更有魔力。藏族服饰文化所表达充满宗教信仰的精神世界，一定隐藏着一种对物质追求与敬畏的动机，当我们还没有发现的时候，它并不是不存在，是因为我们的探究还不够执著，还没找到有效的方法。

2016年4月4日清明于北京

目录

第一章
绪论

藏族是我国少数民族的重要组成部分，由于其独特的地理环境、高寒的气候特点及特殊的宗教文化背景，藏族服饰以其特色鲜明的高原文化成为中华民族服饰文化的一朵奇葩。随着青藏铁路的开通，我国出现了新一轮"藏学热"，藏族的宗教、经济、文化各个方面的研究纷至沓来，对藏族服饰的研究异彩纷呈，但对服饰结构的研究与整理仍是空白。自古以来，作为主流文化的汉族传统服饰结构知识都是通过师徒口传心授传承的，藏族服饰结构的传承也不例外。藏族服饰结构作为服饰最本真的部分往往承载着藏族服饰的深层动机和文化特质。但由于历史、政治、族群分布及人口等原因，有关藏族服饰的文献鲜见，而其中关于服饰结构的记载更是近乎为零，可想而知，它几乎是民间口传文学式的生活碎片。根据这个现实和学术状况，研究藏族服饰结构应首先对藏族典型服饰结构图谱进行整理。从服装结构的角度入手，对藏族典型服饰结构进行系统梳理，并与我国汉族传统服饰及蒙古族、西域民族、南方民族等相关少数民族服饰结构进行比较研究，以期从中发现藏族典型服饰的结构特征所蕴含的藏族先民真实客观的动机和文化信息，特别需要从藏族与汉族及其他少数民族服饰结构的比较研究中探索中华传统服饰结构的文化脉络在特殊民族文化中的面貌与特质。

一、藏族服饰结构研究在中华服饰结构谱系中具有指标意义

藏族服饰是藏族传统文化的重要组成部分，体现了藏族的人文思想和精神追求。藏族传统服饰作为中华民族灿烂文化的一颗明珠，因其鲜明的地域特色成为中华民族传统服饰文化的瑰宝，在中国服装史乃至世界服装史上都是不可或缺的。随着人类社会对民族文化越来越重视，我国政府对藏族文化的保护与发展也制定了特殊政策，使得对藏族传统文化遗产的发掘和弘扬工作受到了前所未有的瞩目。然而由于种种原因以及传统服饰文化的高度生活化，历史上人们疏于对它们进行基础性学术研究，对藏族服饰文化的研究相对其他少数民族更加滞后，特别是对藏族服饰结构的研究与整理几乎是空白。即使在汉族传统中，服饰裁制技艺也是通过师傅对徒弟的口传心授继承的，没有文字数据和图样方面的记载。藏族由于其所处的特殊的地理环境，有相当长的一段历史时期，社会进程缓慢、文化长期封闭，使这一现象更加突出。现今，交通运输的便利、经济观念的转变和现代传媒的发展，极大地影响和改变着藏族人民的生活。藏族原始文化生长的土壤正随着现代文明的进入发生着改变，藏族原有的经济、文化和自然生态都在很大程度上受到影响，这必然会加速藏族传统文化的消失，若再不及时进行传统文化抢救和传承的研究，日后更难以复原其真实面目。就作为藏族传统文化重要组成部分的藏族服饰而言，其隐藏最深的、承载民族传统文化信息最多的就是它的结构形态，如果忽视这些文化因素的研究，长此以往，藏族服饰文化必然会流失或被后人曲解，对文化的真实传承造成损害。进行藏族服饰结构研究不仅对藏族服饰史，就它的独特性而言，对中华服饰史的研究具有指标意义，而且在中华服饰史的民族服饰类型学研究中具有"补遗"的文献价值。

通过对藏族服饰结构的系统整理与研究，对其典型服饰结构进行归纳总结，建立基于数据信息的结构图谱，为继承和弘扬藏族服饰文化提供结构研究上可靠的基本考据文献是本研究的主要目的。

通过对藏汉服饰结构、藏族与其他少数民族服饰结构比较学上的研究，探索发现藏族服饰具有"十字型平面结构"的中华服饰结构的共同基因，同时自身在结构裁剪和布幅使用等方面具有鲜明的民族性和地域性，凸显出其"三开身十字型平面结构"的特征。藏族服饰的这一特征和汉族服饰"两开身十字型平面结构"特征在文化上呈现出大同存异的真实客观面貌，是中华文化"一统多元"特性的鲜活实证。这对中华民族服饰结构图谱的建构具有开创性价值，藏族服饰结构对其具有指标性意义。

二、基于考据学的藏族服饰结构研究尚处空白

一直以来，学术界有关藏族服饰文化研究始终摆脱不了"形而上"的学术生态，能够深入到技艺、结构的实验科学专项研究相对滞后，文献缺少，特别缺少博物馆典型藏族服饰标本实证的考据和结构图谱的整理，使藏族服饰文化的研究表象大于本质，逻辑大于实证，形式大于内容。随着近些年"藏学热"的出现，诞生了一系列关于藏族服饰的研究成果，有四川省工艺美术研究所1976年出版的《兄弟民族形象服饰资料：藏族》；安旭著，1988出版的《藏族服饰艺术》；巴蜀大文化画库编辑部1995年出版的《中国四川甘孜藏族服饰奇观》；国务院新闻办公室2001年出版的《西藏藏族服饰》，朝华出版社2001年出版的《西藏瑰宝——历代服饰精选》；中国藏族服饰编委会2002年出版的《中国藏族服饰》；杨清凡著，2003年出版的《藏族服饰史》，李春生著，2007年出版的《雪域彩虹·藏族服饰》；李玉琴著，2010年出版的《藏族服饰文化研究》等。这些成果为我们从历史、文化、社会等多方面学习藏族服饰提供了宝贵资料，但其研究往往是从服饰的宗教、艺术、装饰、图案、习俗等文化或表面形态方面进行研究，很少触及标本结构的客观、系统考据，均没有以实证方法进行藏族服饰结构方面的数据采集和制图考案的著录研究成果，然而这些文化载体的考据文献不可或缺。因此，从结构角度对民族传统服饰文化进行系统研究成为民族服饰文化研究的重要突破口，在近几年的北京服装学院硕士学位论文中有所体现，如《中国传统服装"十"字型平面结构初探》《从元代长袍和格陵兰长衣看中西方服装结构的差异》《清末汉族古典华服结构研究》《中国南方少数民族服饰结构考察与整理》《中国南方少数民族服装结构研究》《中国北方少数民族服装结构研究》《中国西北少数民族服装结构研究》《满族传统服装造型结构研究》等，均涉及传统民族服饰结构研究的课题，并在理论上取得了一些突破，如"中华民族服饰十字型平面结构体系建构""十字型平面结构的格物致知命题"等研究论文，但对藏族服饰结构研究方面还处空白。甚至像国家出版基金项目专题的研究成果《中华民族服饰结构图考》中的少数民族编分册，也主要集中在我国西南少数民族服饰结构研究整理上，藏族服饰只作为当地非主流的输入性民族服饰类型，不仅数量有限，而且服饰结构形态也有明显的本土化特征，没有藏族原住地的服饰形态保存得纯粹。因此系统地研究整理藏区典型服饰和博物馆代表性藏族服饰结构，对建构藏族服饰结构体系、完善中华民族服饰结构图谱系具有重要的文献价值。

三、文献、考察与标本相结合重标本的研究方法

对藏族传统服饰的研究以结构研究作为主体探索民俗、宗教文化及其纹样装饰形态是本论著的特色。结构是服装最本质也是最隐蔽的部分，因此可以相信，通过对藏族典型服饰结构的研究，可以深入客观地获取藏族服饰所承载的文化与中华主流服饰文化交融及其自身的特异性与变迁的信息。从结构的角度入手研究藏族服饰取得可靠而有价值的结论是不可或缺的，事实上这样的研究路径早已成为传统服饰文化研究的学术惯例。我国学术界受传统"重道轻器"观念的影响，基于"结构机理"的服饰史学研究尚无共识，因此我们可以从国际历史和文化研究的学术成就中汲取经验。西方和日本服装史的学术文本均是将其典型结构面貌以结构图翔实数据注录的方式进行了系统科学的刊载、整理和呈现，成熟的西方服装史几乎是一部以结构图谱系为载体的科技史（图1-1）。日本早在明治维新时期，以实证考据学派为特征的学术研究就开始了。就服装史研究而言，仅一种"羽织"和服研究的有关结构信息就非常详尽，将结构数据、年代、传承者、复原者、制图人等信息悉数著录，为后人的利用、研究留下真实、可靠和权威的文献依据。这对我国民族服饰的研究提供了经验和成功的范本。可见，系统发掘民族服饰结构的信息与整理是破解藏族服饰文化谜团和学术难题的关键所在，自然成为本研究的主要任务。

为了更好地实现对藏族典型服饰结构研究的预期目标，采用文献、考察与标本相结合重标本的研究方法，研究路径通过实地考察、标本研究和文献整理交叉进行。

1. 实地考察

由北京服装学院研究生导师和博士、硕士组成的藏族服饰文化考察研究团队，进行"西行之路"相关的普查工作。西行之路的目的地主要是西藏自治区和四川省、甘肃省、青海省、云南省的藏区。在3次共历时70余天的考察中，参观各地博物馆8个、藏族庄园2个、藏式宫殿5个、寺院28座（其中汉传佛教寺院5座、藏传佛教寺院20座、伊斯兰清真寺3个），采访藏族艺人、专业人士、僧侣并与之交流、研讨，了解他们的生活方式、历史、习俗等（图1-2）。

这种深入藏区，对藏区人民生活的历史、经济、文化背景等方面的亲历，使我们深刻地体验到汉族和藏族文化在宗教、服饰、建筑、风俗等方面的交融与差异。在西藏，我们不仅是在拉萨地区，还深入到山南、日喀则及藏北地区，考察各地区不同的服饰文化与人文风情，采集到不同地区藏民的文化遗产、遗址、事象形态、物质形态等一手资料（图1-3、图1-4）。

在四川甘孜藏族自治州的康定深入考察了康巴藏传佛教的非物质文化遗产保护机构——甘孜藏族自治州非物质文化遗产博物馆，并与该机构负责人昂洛董事长和宗教人士结合该机构藏品进行了深入的交流和学习，这为我们深入到以康巴服饰馆藏为特色的考察研究提供了珍贵的实地一手材料（图1-5）。将服饰研究课题置于西藏特定的现实文化背景中考察，让我们回到博物馆标本研究和案头进

(a) 标本图

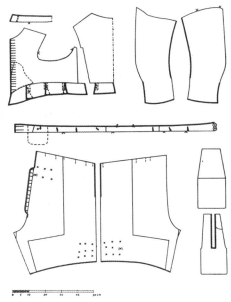

(b) 结构图（紧身上衣和短裤）

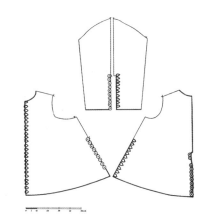

(c) 结构图（外套）

1954年为查尔斯·古斯塔夫斯国王加冕礼时制作的三件套装
（图片来源：Norah Waugh, *The Cut of Men's Clothes*:1600-1900）

本裁女物款式图和裁剪图
（图片来源：松村丰、今村品子共著《新裁缝教科书》）

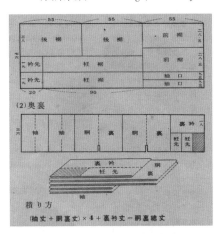

图1-1　欧洲和日本传统服饰结构史文献

(a) 在夏鲁寺与喇嘛交流

(b) 在嘎东寺与喇嘛交流

(c) 在安觉寺与喇嘛交流

图1-2　研究团队与藏族僧侣交流

(a) 林芝地区藏民工布服饰

(b) 山南地区藏民服饰

(c) 日喀则地区藏民服饰

(d) 拉萨地区藏民服饰

图1-3 采集现代藏民服饰风貌

(a) 俗官服（珍宝馆藏品）   (b) 僧官服（珍宝馆藏品）   (c) 地方首领服饰（珍宝馆藏品）

(d) 西藏博物馆   (e) 江孜宗山抗英遗址

(f) 帕拉庄园

图1-4 布达拉宫珍宝馆、博物馆和遗址、庄园的考察

图1-5　四川甘孜藏族自治州非物质文化遗产博物馆考察

行西藏服饰结构的信息采集、测绘和复原研究整理时充满了信心，也使我们的研究结论变得真实、可靠且充满生命力，为取得学术上的突破提供了现实而客观的背景资料。

2. 标本研究

通过对北京服装学院民族服饰博物馆馆藏的藏族典型服饰实物标本进行地毯式的信息采集、测绘和复原工作获取一手材料这种开创性的工作，初步建立了古典藏袍结构图谱与"纹章"系统的形制面貌。通过3年多博物馆标本研究，选取不同时期、不同地域、不同等级、不同民族分支、不同形制的20多个藏族服饰标本进行结构的对比研究，对其布面、衬里、贴边、饰边及纹章结构进行整理；通过对标本毛样、分解图和纹章系统的全息数据进行采集、记录、复原和分析，并与汉族、蒙古族、西南少数民族的典型服饰结构进行比较学研究，探索不同文化交融的考据学理论，深入剖析藏族服饰和中华民族传统服饰"大同存异"的形态特征，为建构中华民族服饰结构图谱的藏族范式提供了权威、可靠的标志性文献样本提供基础性研究成果（图1-6、图1-7）。

3. 文献研究

事实上，中华传统服饰结构的研究较薄弱，没有成体系的成果文献，少数民族的文献零星且分布不匀，藏族服饰结构的研究成果文献几乎是空白。鉴于此，借鉴藏族和相关少数民族文化史论、民俗、艺术、宗教等历史文献、专著和论文的成果成为不可忽视的因素，通过了解相关的绘画（唐卡、

(a) 标本整理

(b) 标本数据采集

图1-6 北京服装学院民族服饰博物馆藏族服饰标本研究工作现场

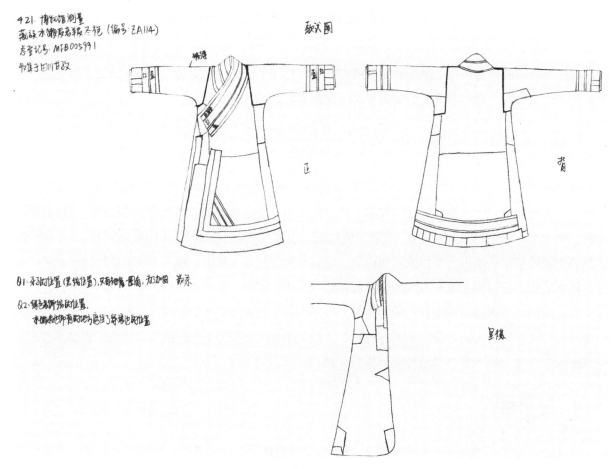

(a) 标本外观图草绘

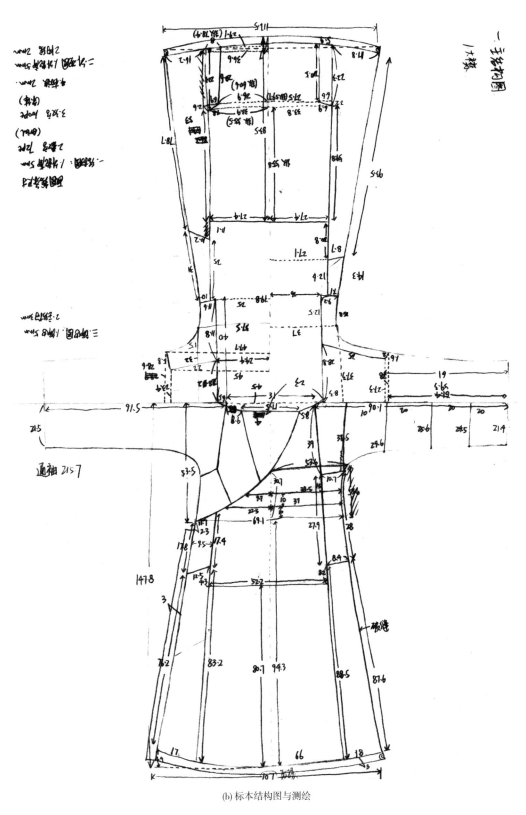

(b) 标本结构图与测绘

图1-7

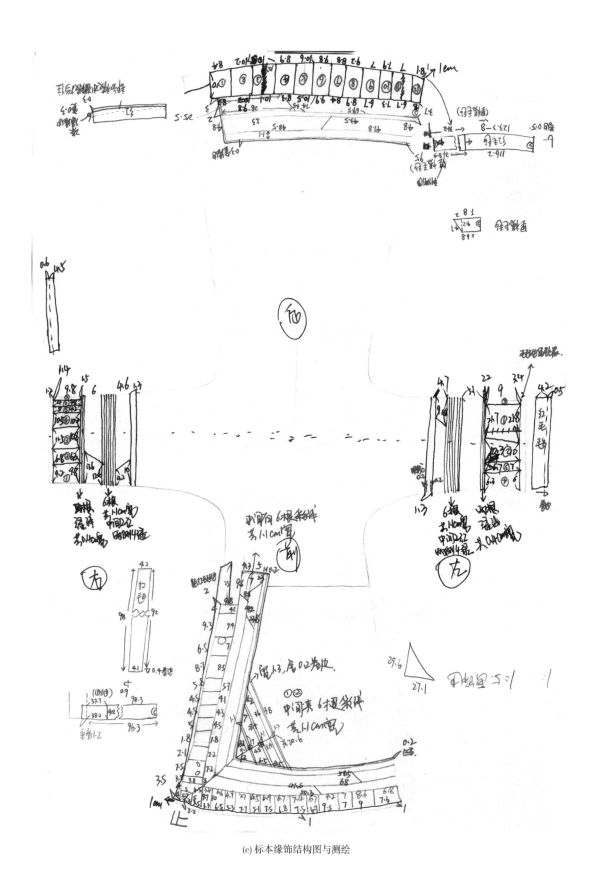

(c) 标本缘饰结构图与测绘

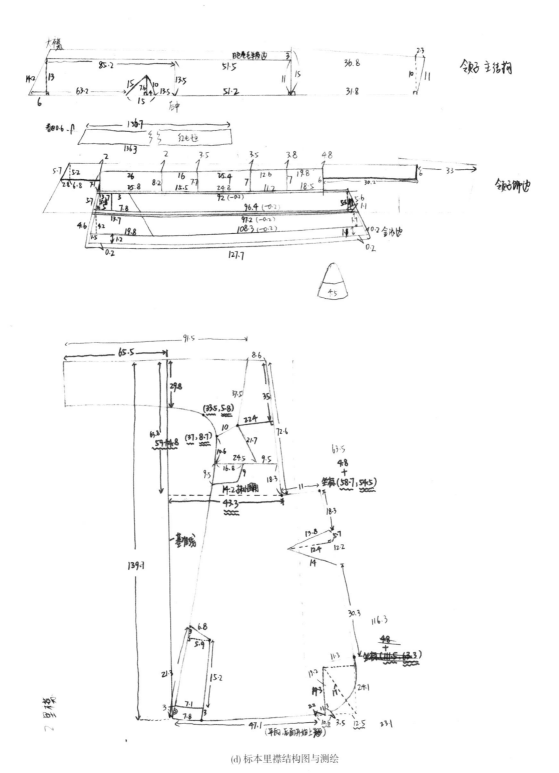

(d) 标本里襟结构图与测绘

图1-7

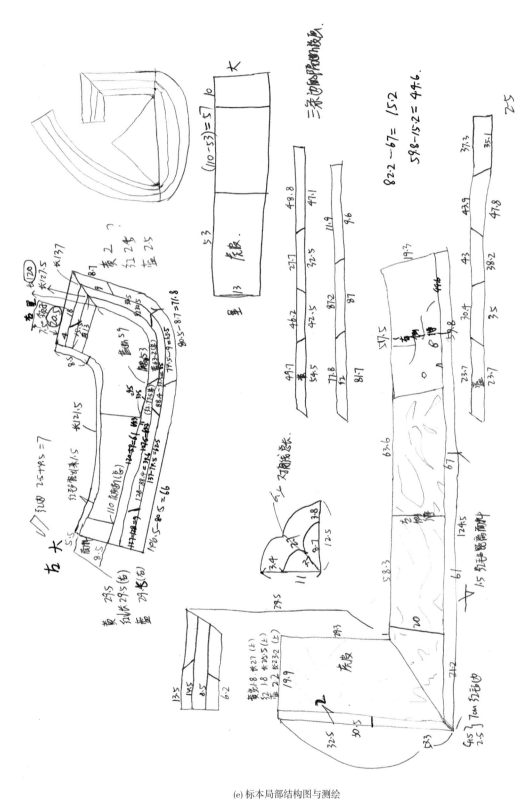

(e) 标本局部结构图与测绘

图1-7　标本研究过程中手绘外观图、结构图和数据测绘草稿

壁画）、民族学、宗教、社会学的研究文献，对不同时期、不同地域、不同等级、不同民族分支的服饰进行形态学的分析，并与实物标本的测绘、结构形态结论相结合，对其形式、类别、面料、工艺等方面作对比分析，以整理藏族民族服饰详细准确的结构图谱、以确立初级的藏族服饰结构研究成果，这本身就具有填补这项空白的文献意义。值得强调的是，关于藏族典型民族服饰结构研究，要以实地考察、博物馆标本研究和文献研究相结合的方法确立技术路线，落脚点放在对藏族典型服饰不同时期、不同地区的不同等级和不同种类进行科学、系统的整理，与汉族、蒙古族及西南少数民族服饰结构文献进行比较学研究，以获得藏族典型服饰结构的研究成果，并以结构图谱的面貌呈现，为中华传统服饰"十字型平面结构"谱系的藏族服饰结构类型研究做补白和开拓性的基础理论工作。

第二章

藏族服饰结构的
中华文脉与基本
形制

藏族是中华民族大家庭中的重要一员，分布地域广阔，主要聚居在西藏自治区，青海省的海北、黄南、海南、果洛、玉树等藏族自治州和海西蒙古族藏族自治州，甘肃省的甘南藏族自治州和天祝藏族自治县，四川省的阿坝藏族羌族自治州、甘孜藏族自治州和木里藏族自治县，云南省的迪庆藏族自治州等。这些地区的地质、气候的自然条件相对恶劣，导致地域间交通不便与外界交流的机会极少，尤其是藏民主要的聚居区西藏自治区。正因如此形成的"围城效应"，造就了藏民族甚至比任何一个其他民族更强烈的交流心理，虽然西藏在很长一段历史时期内与世隔绝，但藏族和汉族的文化交流就始终未断过，藏文化在大中华共同基因的基础上形成了自己独特的性格。因受地理位置、气候特点、生产生活方式和独特的藏传佛教文化因素的影响，藏民族服饰形成了肥腰、长袖、交领、大襟的基本形制，在结构上具有自己的鲜明特色，表现为前后中无破缝、不对称性和深隐式插角特点的"连袖三开身十字型平面结构"。藏族服饰在不同历史时期不断与其他民族服饰交流碰撞，树立了中华民族"大同存异"的文化典范。正如《隋书·吐谷浑传》所云："其器械衣服，略与中国同。"对藏族服饰结构的研究结果充分证明了这一点。藏族服饰是没有断绝、保存至今、传承了"十字型平面结构"的华服传统的服饰，是中华传统服饰结构谱系中重要的组成部分。

一、藏族、汉族、蒙古族袍服"十字型平面结构"的共同基因

藏族服饰形制与材料的选择较大程度上取决于藏族人民所处生态环境和在既定生存条件下形成的服饰面貌。有关专家对比过西汉前后的青铜器图像及古代壁画，研究发现古羌人服饰与今天的藏族服饰惊人的相似，都具有肥腰、长袖、大襟、交领右衽、束腰、露臂以及用毛皮、氆氇材料制衣的特征，发展到普遍用氆氇制藏袍定型为藏袍的标志形态至今没有改变，说明藏族服饰形态有着很强的原生态特点和稳定性，这正是生态环境与生活、生产方式决定服装形制的最好实证。生活在地势高、气候寒冷，自然条件恶劣的世界屋脊，以牧业、农业为主的生产、生活方式，决定了藏族服装的基本特征是厚重、宽大，普遍采用交领（这样保证在前胸的掩量大，具有良好的保温效果和充当行囊携具的作用）的特征。由于藏族与北方游牧民族所属地理气候和生产生活方式等方面存在很多共性，藏族服饰具有北方袍服的基本特征。它们的共同点是交领、右衽大襟，里襟宽大，整体呈现出清晰的"连袖三开身十字型平面结构"。

藏袍用料的演变，基本沿着皮毛、氆氇到织锦（还包括斜纹毛、棉布）的进化过程，而在服装结构上始终保持着中华民族服饰一统多元的"十字型平面结构"系统（表2-1）。

显然，"羊皮"是藏袍的原始形态；"氆氇"成为藏族和汉族纺织文明交流的标志物；"织锦"标志着汉族和藏族文化融合的产物，这其中渗透着藏族、蒙古族和汉族文化融合的信息。上层社会的藏族锦袍与蒙古族锦袍的基本形制都是宽袍窄袖，袖子较长，肥腰阔摆。其中，白马藏袍服的结构特点与蒙古族袍服都表现出明显的汉族遗风，即前后中有破缝，且为布边，两侧袖接缝为布边，构

表 2-1　藏袍用料的演变进化过程

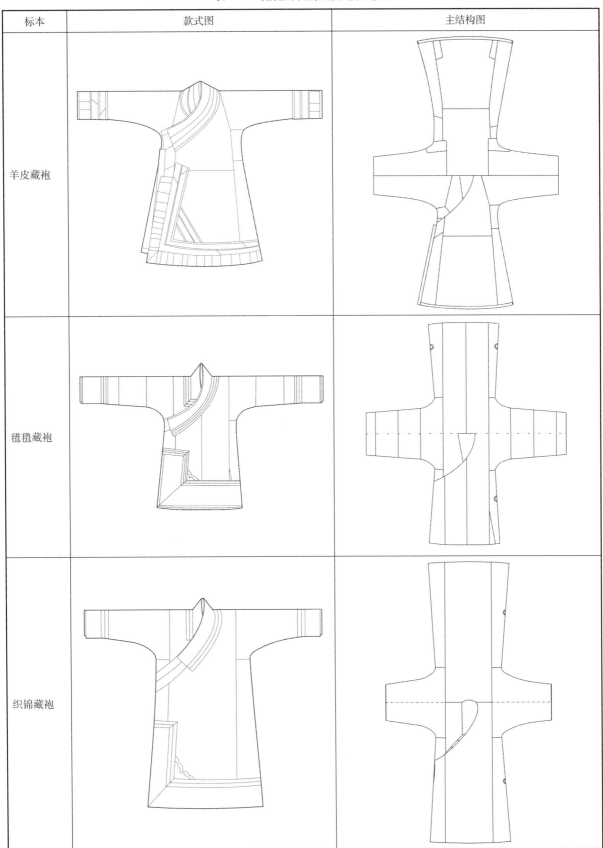

标本	款式图	主结构图
羊皮藏袍		
氆氇藏袍		
织锦藏袍		

成左右各一个面料幅宽。这两个民族均采用宽大的偏襟，与他们游牧、半农耕的生产生活方式有密不可分的联系。高寒天气对服装的保暖效果提出了更高要求，高领和窄口袖子是两个民族服装结构的共同点。那些以游牧为生的蒙古族和牧区藏族人民，没有长久的定居点，一年四季在广阔的草原上随畜群迁徙，肥大的长袍不仅日间穿着，晚间睡觉时还能铺满全身如同被子。蒙古族袍服和藏族袍服在穿着方式和功用上也非常类似。穿着时，将袍领顶于头部或将腰部提起至习惯高度，束紧腰带，再放下袍领，使胸前自然形成一个宽大的囊，藏民可随身贮物乃至装下婴儿。肥大的下摆能够满足活动幅度大的需求，便于劳作和骑马。另外，在元朝，西藏文化受到元朝蒙古文化的影响很大。元朝是在宋代汉文化的基础上建立的，元政权深知儒道汉文化必须成为自己的官方文化才能确保坐稳江山和扩大疆域。因此，蒙古服饰受汉文化的影响很大，可以说蒙袍是蒙汉结合的产物，主要表现为前后中破缝、袖中接缝（由于布幅的原因）、左衽变右衽的结构特征。而西藏很多上层官吏、贵族的服饰或仿效蒙古贵族，或直接为元朝所赠赐。西藏北部牧区与蒙古族交往较多，至今尚保留有一些蒙古服饰习俗，这意味着藏蒙结合的藏袍受汉文化的影响更加深远，这主要表现在有中缝的"十字型平面结构"上（参见表2-2）。

到了汉族统治的明代，中央政府与西藏地方政权的关系进一步加强。明朝常赏赐给西藏上层贵族大量的锦帛、裀褥。中原与西藏，官方与民间的茶马贸易为西藏输入了大量的布帛、绸缎和各种纺织品，这些贸易是以前任何时代都难以企及的。到了清朝，由于藏传佛教成为清朝官方的宗教，中央政府与西藏的关系更加密切，不同民族文化的融合随着政治关系的加强得以深入扩展。

服饰作为文化的载体，在表现形式上是最直接也是最深刻的。藏族服饰形制同时受到蒙古族和汉族的影响，甚至直接采用蒙古族的部分服饰，而蒙古族的服饰结构由于历史的原因，也在不断强化汉族主流服饰文化的理儒精神（继承宋理学、明儒学）。藏族服饰结构具有北方中原传统袍服特征的"十字型平面结构"，正是大中华不同民族文化在长期的历史进程中不断交融作用的结果（表2-2）。

二、"人以物为尺度"与"敬物尚俭"的"十字型平面结构"

传统藏袍结构前后中是没有破缝的，衣身（前后片）采用一个整幅面料，衽式虽然与传统汉服右衽的形制相同，但由于前中无破缝而必须拼接里襟，袖子和侧摆是另接的，故形成了藏袍"人以物为尺度"支配下的独特的衣身、袖子和侧摆"三开身十字型平面结构"，这是与汉族传统服饰结构最大的不同，但它们都没有脱离"十字型平面结构"这一主体（图2-1）。与之相比，古典华服结构的前后中破缝，左右片各是一个面料幅宽，衣身与袖子连裁，袖长不足部分采用接袖。同时，因为汉袍前后中有破缝，大襟自然会通过前中缝进行拼接，蒙古族传统袍服结构更接近汉服传统，只是它早期普遍采用左衽，元朝定国后，为了强化蒙古族和汉族文化的融合，形成了左右衽共制的时期，而藏袍衽式在历史中始终与汉袍保持一致（参见表2-2）。

表 2-2　藏族袍服与蒙古族、汉族袍服"十字型平面结构"的共同文脉

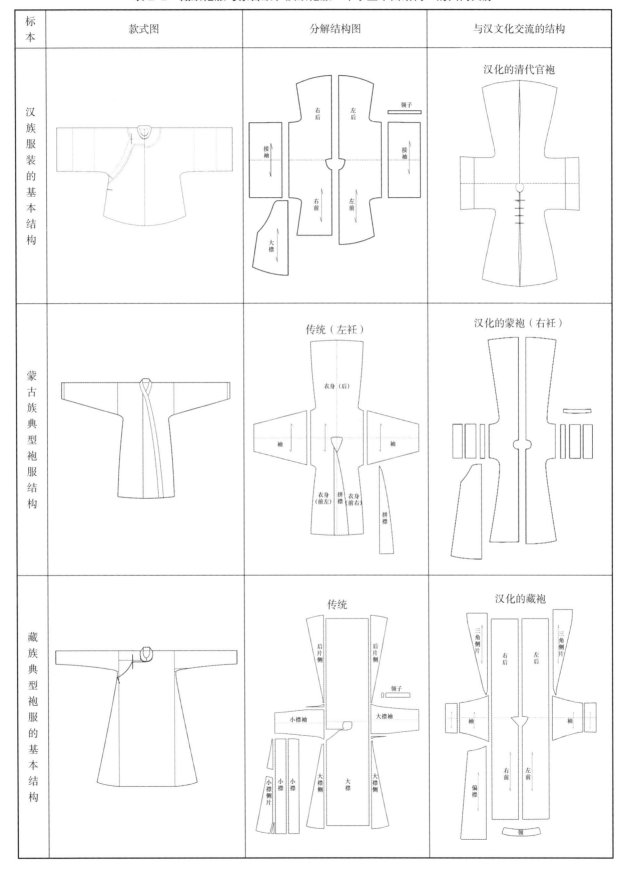

标本	款式图	分解结构图	与汉文化交流的结构
汉族服装的基本结构			汉化的清代官袍
蒙古族典型袍服结构		传统（左衽）	汉化的蒙袍（右衽）
藏族典型袍服的基本结构		传统	汉化的藏袍

从主流的中华传统文化的角度看，古典华服结构模糊了肩的位置，将衣身与胳膊整体包裹，使人体呈现出一种模糊状态，从而弱化了人性，掩饰着身体，体现了以"浑朴求善"的心境，追索含蓄的东方美学观，可谓天人合一的道家哲学与"人以物为尺度"万物皆灵的藏传佛教宇宙观的异曲同工。而藏族典型袍服袖子的接缝位置表面上看是和人体与肩的位置相适应的，呈现了服装分别包裹四肢和躯干的立体结构意识，这一定会让我们与西方服饰崇尚人本传统的"分片的立体结构"挂起钩来。事实上，从藏袍结构测绘的数据上看，衣身和袖子接缝位置的确定实际上是依布幅而非人体的构造。这说明袖身分离的结构并非出于立体的动机，而是基于"布幅决定结构"的节俭思想，这与汉族服饰的造物理念不谋而合，因此它们都保持着"十字型平面结构"中华一统的结构形制。

在一个布幅的前提下，无中缝时（藏袍）袖接缝位置就靠近肩；有中缝时（汉袍）袖接缝位置就远离肩，形成汉袍的袖子与衣身连在一起的形态，袖子布丝方向自然就随衣身。汉袍的前后中破缝，衣身与袖连裁的方法对于藏袍这种通身肥大、要求袖子如此长的服饰来说并不是最为合理与节约的方式。藏袍的袖身分裁会根据布幅、面料图案、排料等方面综合考虑布丝的使用情况，故袖子横丝、竖丝的状况都会出现。可见，藏袍的衣身使用整幅面料，袖子另接的结构特色是由袖长和布幅共同作用的结果，并在保持中华"十字型平面结构"共同的基因下实现的。值得研究的是，这种结构为藏袍独一无二的深隐式插角技术的运用打下了基础，让我们看到了藏袍结构粗犷背后精细的一面，也是中华传统服饰"一统多元"文化特质的生动实证。

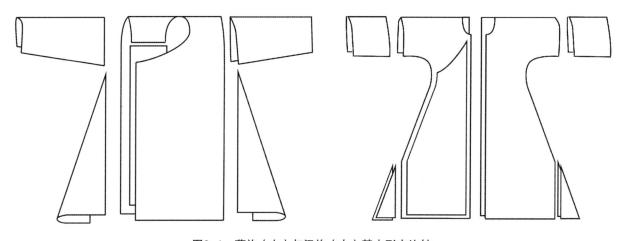

图2-1　藏袍（左）与汉袍（右）基本形态比较

三、深隐式插角结构在中华传统服饰结构谱系中的特殊地位

深隐式插角结构是藏族服饰形态最具研究价值的课题，因为它的形制和形成动机没有任何物质传承的实据，更没有文献线索。它的发现，是在对北京服装学院民族服饰博物馆有关藏族服饰结构做系统数据采集、测绘和复原作业中偶然得到的。它如此强烈地吸引我们的视线，是因为这种结构形制

在中国整个历史进程的传统服饰结构谱系中没有发现，在整个人类不同类型的服饰结构谱系中也没有发现。但可以肯定的是，"深隐式插角结构"一定是在中华传统服饰"十字型平面结构"系统中实现的。它的结构机理分为两种，一种是侧片上端插角入袖，一种是里襟与侧片连为一体与袖衩连接，而且它们在藏袍结构中分布比较广泛，在白马藏袍结构中表现得更为纯粹（图2-2）。

这两种结构机理的插角作用是一致的，主要起到增加袖围和腋下松量的作用。侧片入袖相当于做了一个腋下"袖裆"，更有利于胳膊的活动。这种结构的作用与先秦两汉时期出现的"小腰"结构有异曲同工之妙（参阅第八章中"藏袍深隐式插角结构的史学意义"）。"深隐式插角结构"在清代藏袍中已被普遍运用，这种具有立体思维的物质形态与其说是受到西方"分析立体主义"的影响，不如说是中华服饰在平面结构的基础上进行的"立体"探索，这种探索通过立体的结构表现出来，其动机或许出于对节俭的考虑。因为不论是其结构的分割缝缀还是深隐式插角结构，都没有离开平面的二维思想，"十字型平面结构"的主体并没有发生根本改变。这种具有现代服装结构技术的运用出现在清末较封闭的藏族服饰形态中，无论在学术还是在历史的时空中都不符合逻辑。事实上这些推论都缺乏足够的证据：它在什么时候形成的？这种结构形制是否具有普遍性？它是否具有地域性？它有没有对类型的选择？它的真正作用是什么？它是否与藏袍三开身结构系统中普遍存在的"三角侧摆结构"有关？……这些问题还需要作深入的考据学研究。但这些问题有一个确凿的线索是可以定论的，就是"深隐式插角结构"与"十字型平面结构"这一中华传统服饰共同基因的紧密联系。因此，对这种单一物质形态的探究不能脱离赖以存在的中华传统服饰"十字型平面结构系统"。这一结论在对典型藏袍标本结构系统的数据信息采集、测绘和复原中得到了证实。

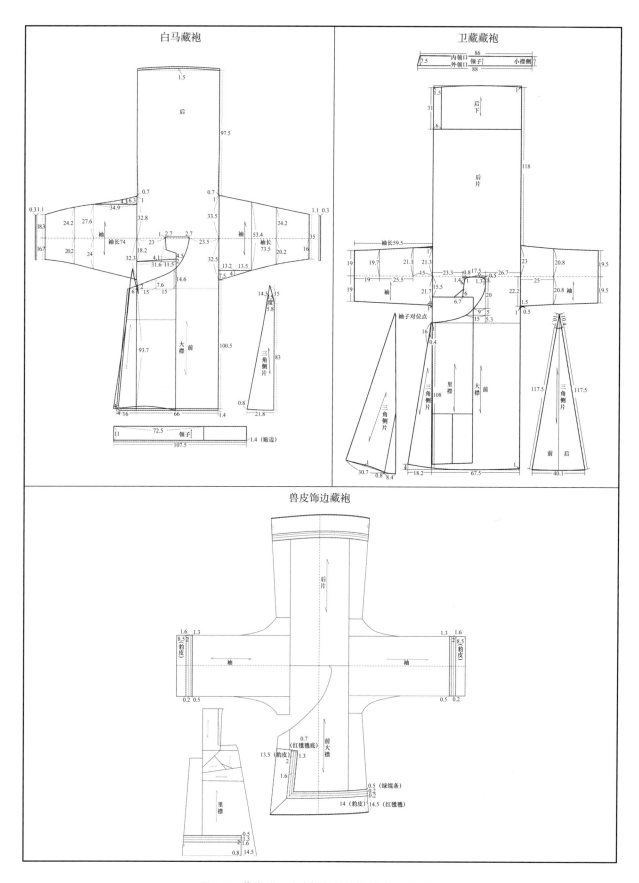

图2-2 藏袍"深隐式插角结构"的类型与分布

第三章

藏族典型袍服结构研究与整理

　　藏区地域辽阔，自然条件差异很大，为了适应不同的自然环境和气候条件，虽然各地区藏族服饰特色不同，但是袍服作为藏族人民一年四季一贯的服饰而独树一帜，因此，藏袍是区别于我国其他少数民族服饰的显著特征，成为藏族服饰的主要类型。藏族典型袍服，这里指藏族上层社会非宗教用的袍服，它与传统的兽皮饰边藏袍所具有的氏族部落文化特征不同，由于藏族上流社会与中原汉族上流社会交流密切，特别是元、明、清三朝中央政府对西藏地区政权采取怀柔政策，"皇家赐予"成为最常用的手段，其中，最具有代表性的奢侈品就是丝绸中的织锦缎，这便成为典型藏袍的标志性面料。同时汉人的工艺也被传入。因此，藏袍最讲究的是边饰，衣袖、衣襟、衣摆往往镶上贵重的毛皮和丝绸绲边。虽然在不同地区其装饰和穿着状态呈现不同的地域特色，从表面上看中原汉文化的影响十分明显，裁剪上也保持着中华服饰传统的"十字型平面结构"系统，但深入研究却与汉族大不相同，别有洞天。

　　本章藏袍标本均是北京服装学院民族服饰博物馆藏品，其中提花绸长袖黄袍和蓝色几何纹提花绸藏袍为清末传世品，保留了藏袍的原生态结构，是研究古典藏袍结构形态绝佳的实物标本；天华锦藏族官袍被鉴定为清同治时期的标本，是一件融合了藏蒙汉形制充满文化交融特色的藏族官袍；蓝菊花绸无袖长袍为近现代藏族女性民服，是藏族现代改良女袍的代表，藏语称"求巴普美"，它几乎与沿海发达地区的上海市、广东省、天津市20世纪50年代前后出现的西化改良旗袍同时出现。这一方面说明藏族的上流社会并不缺少时尚意识，另一方面说明藏族和汉族文化交流的持续和深远性（图3-1）。这几件藏袍标本在时代与结构上均具有典型性和代表性——从清代到近现代，从常服到官服，从长袖到无袖。通过对这些藏袍进行详尽而专业化的数据采集和测绘。系统的结构研究和对衣片结构的模拟复原，以这些一手材料的研究建立藏族典型袍服结构文献，为探索藏袍结构所蕴含的历史、文化信息和民族智慧提供权威可靠的实物信息。

一、提花绸长袖藏族黄袍结构研究

　　丝绸在贵族藏袍中是一种重要且普遍使用的面料。即便在汉人中，自古以来也只用在礼服中，但在藏族社会它是一种贵族的标签，一般只有官员、贵族或高僧的服饰通身为丝绸所制。原因在于，丝绸的织造工艺复杂，成本高昂，而高原不产蚕丝，丝绸需要经过连接藏汉民族的纽带——唐蕃古道从中原内地运往高原，可以说丝绸服装的奢侈昂贵标志着拥有者的贵族身份和社会地位。在新中国成立之前，西藏的丝绸面料多是通过中央赏赐或交换贸易而来。提花绸长袖黄袍为清代藏袍传世品，来源于唐蕃古道的主要途经地青海，是藏地贵族丝绸质地长袍的代表，其形制、结构在藏袍中具有典型性。

（一）提花绸长袖藏族黄袍的形制特征

　　提花绸长袖藏族黄袍款式为交领，右衽大襟，接袖，腰部略收，阔摆，1粒盘扣。结构上是藏袍

(a) 提花绸长袖黄袍

(b) 蓝色几何纹团花绸藏袍

(c) 天华锦藏族官袍

(d) 蓝菊花绸无袖长袍

图3-1　典型藏袍标本（北京服装学院民族服饰博物馆藏）

典型的"三开身十字型平面结构"，表现为前后中无破缝，前后衣片连裁，主体衣身使用一个完整的布幅，采取了传统汉服右衽交领方式，拼接里襟，袖子另接，这是藏族袍服区别于汉袍的典型特征。根据其面料、形制（收腰）、高超的工艺判断为贵族服饰，这是一件难得的藏袍传世精品，研究价值很高。

造型上，腰部略收，这种风格在藏袍中少见。一般藏袍都是肥腰，腰部不仅不收，还要通过侧片的加入使其更加肥大。该藏品面料、里料均较轻薄，为夏季礼服，内里不需穿着太多，加上穿着者并不需要从事体力劳动，自然不需要太多的宽松量，比较合体，使用盘扣系合。相对于宽大的藏袍，衣身较为合体是贵族服饰的典型特点。该藏品工艺讲究，不亚于古典汉服。面料与里料连接采用扣边缝，面料向里延伸0.25cm，统一规范。为了里料与面料更好地固定，在领子、大襟、下摆、里襟、袖口的位置（整件衣服有面料与里料拼接的地方），距离外边缘5～6cm均有固定绷缝，以3个针迹（0.2cm）加2个针距（0.1cm）共0.8cm为一组，每组针迹间距2.5cm循环。在衣身前后中也进行了同样的绷缝，做工精细。从面料质地到图案、从形制到工艺，这些无不诉说着贵族服饰的讲究与细腻。在结构上有明显的规制表现，值得研究［参见（二）提花绸长袖藏族黄袍结构图测绘与复原］。

提花绸长袖藏族黄袍反映了汉族和藏族文化交流的信息。元朝时中央政府与藏族地区往来密切，清朝时由于藏传佛教成为官方宗教，对藏区的管辖力度进一步加强，宗教、文化和经济往来更加广泛和深入，中央政府赏赐给西藏贵族大量的玉器、陶瓷、丝绸等物品。提花绸长袖藏族黄袍面料质地精细、花纹讲究，图案非常丰富，有寿字纹、吉祥结、牡丹，还有蝙蝠、葫芦、莲花这些取谐音与佛教结合的吉祥纹样，图案错落有致，刻画细腻。较大的亚腰葫芦肚部有很多细密的网格表示多籽，莲花中间的莲蓬异常突出，这些都承载了佛教对生活的美好祈福，其中包含的多子多福、吉祥如意、福寿双全的吉祥寓意显然是汉文化的反映。在工艺上，我们难以想象图案如此繁复精美的丝绸在完全手工织造的年代是如何完成的，即使现今拥有先进的织造工艺，这种质地精美、品相极佳的丝绸也只有在高级定制中才会有。该面料上的传统吉祥纹样，充满着汉文化的浓郁色彩，黄色在清朝是皇家专用色，这些证明了这件清代藏品所使用的面料应为清朝赏赐给藏区官员或贵族的。此件藏品显示，充满汉文化的面料与藏族袍服的典型结构结合得天衣无缝，是汉族和藏族文化交流融合的一件经典之作（图3-2）。

（二）提花绸长袖藏族黄袍结构图测绘与复原

提花绸长袖藏族黄袍结构在藏族袍服中具有典型性，对其进行全息数据采集和结构图复原是本研究获取可靠结论的基础。该袍服呈现了藏袍"连袖三开身十字型平面结构"的基本特征。之后的研究以此为标尺，进行比较分析可以做出变化的基本判断。样本测绘流程按照从里到外、从主到次的测量原则，该藏品的测绘内容包括面料主结构及里襟结构和里料主结构及里襟结构。

主结构一般指面料裁片或外部可以看到的部分。该样本主结构包括衣身前后片、袖子和领子。衣身前后片连接，前后中没有破缝，是用一块完整的面料完成的，这是藏族袍服结构的典型特征（图3-3）。该布幅宽度为73cm，在接袖缝以下至腰部略收，最大量约1cm。由于下端有侧片（三角摆）使衣身围度从上至下逐渐变大，这仅有的1cm形成了明显的收腰效果。从造型上看，收量主要在接袖线下，距离肩线28～31cm的位置，这显然不是腰的位置，不能定义为收腰。从其数据（小于73cm布幅）来看，是为了在外形上能够与三角侧片（补角摆）顺接的工艺处理，因此，这1cm可以忽略不计。接袖线位置如果按布幅一半计算为36.5cm，远比正常肩宽22cm大得多。显然，这不是以人体的尺度设计服装结构，而是"人以物的尺度"设计服装结构，是实现最大限度利用面料与造物平衡的经典案例。由此可见，传统汉服"布幅决定结构形态"的形制在藏袍结构中也被普遍运用。

衣身里襟是指大部分被大襟遮挡的与主结构相连接的部分，这是藏袍结构前后中无破缝，衣身

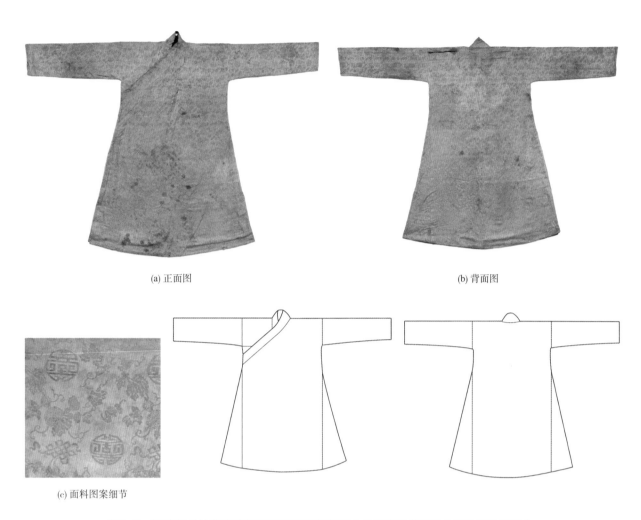

(a) 正面图   (b) 背面图

(c) 面料图案细节

图3-2　提花绸长袖藏族黄袍及面料图案细节图（北京服装学院民族服饰博物馆藏）

前后连裁出大襟的必然结果，与汉族传统服饰前后中破缝结构的拼大襟形成鲜明对比，却有异曲同工之妙。该标本里襟用料比较琐碎，由5块大小不一的面料组成，这是最大化使用面料的结果。由此可见，就其结构复原的形制看，至少可以纠正一种观点，即"贵族藏袍不惜工本"。因为在上流社会的藏袍中自古以来"布幅决定结构形态"的节俭经营与计算几乎成为定式，更重要的是，这也符合"外尊内卑"的正统伦理，体现了古人普遍与自觉的节俭思想，这或许是赋予今人最不能忽视的精神遗产。由于是斜大襟，将裁剪时里襟与主结构重叠而缺失的部分用三角形面料补上，保持里襟与主结构的拼接部位是水平状态，这不仅可以节省面料，而且水平拼接能够避免斜裁面料产生的不稳定性，更有利于面料、衣身的保型。这种处理方法与藏袍的长度、面料有密切关系。该件藏袍的面料为易变形的丝绸，前衣长为136.8cm，里襟在前中部位的长度为110cm，如果衣身主结构与里襟均采用斜丝裁剪、拼接，在穿着时，由于面料重力及丝线密度等因素的作用，必然会对衣身长度和平整度产生影响（里襟会变长露出底摆）而破坏造型。同时，因为里襟的拼贴较多，面料的纱向使用是很有讲究的，在侧缝处的两处拼接均使用了与侧缝方向一致的纱向，这样侧摆和衣身的伸缩性会保持一致。可见，在藏袍中，对面料和纱向的使用不是一种偶然，而是充满经营和计算的（图3-3～图3-5）。

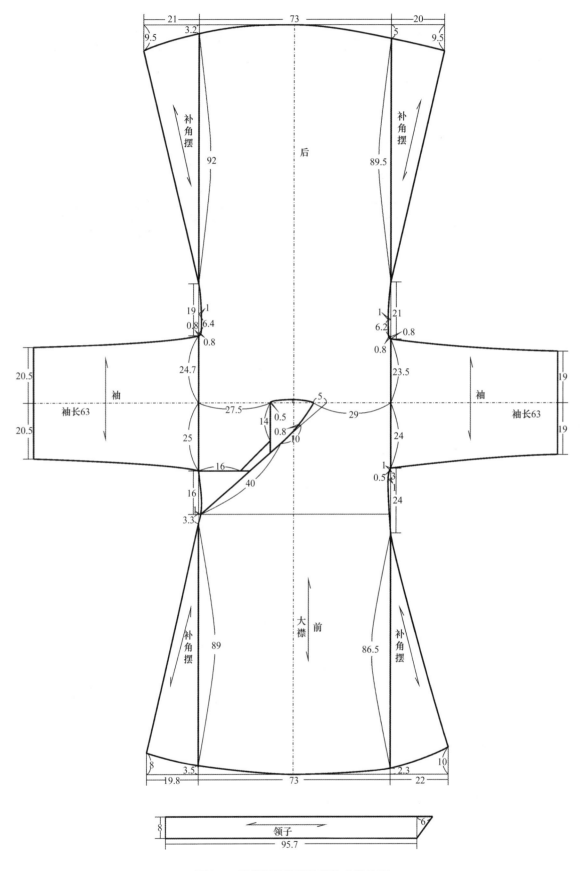

图3-3 提花绸长袖藏族黄袍主结构图

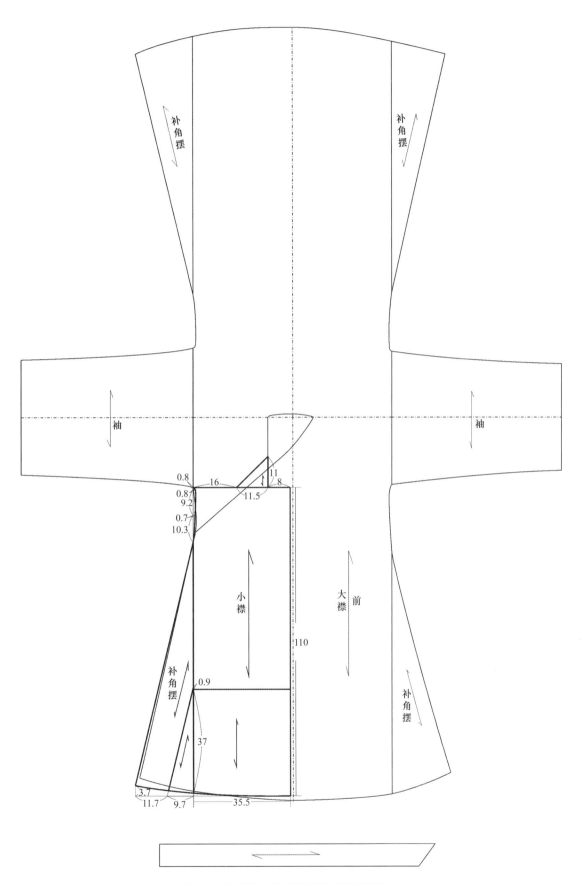

图3-4 提花绸长袖藏族黄袍里襟结构图

31

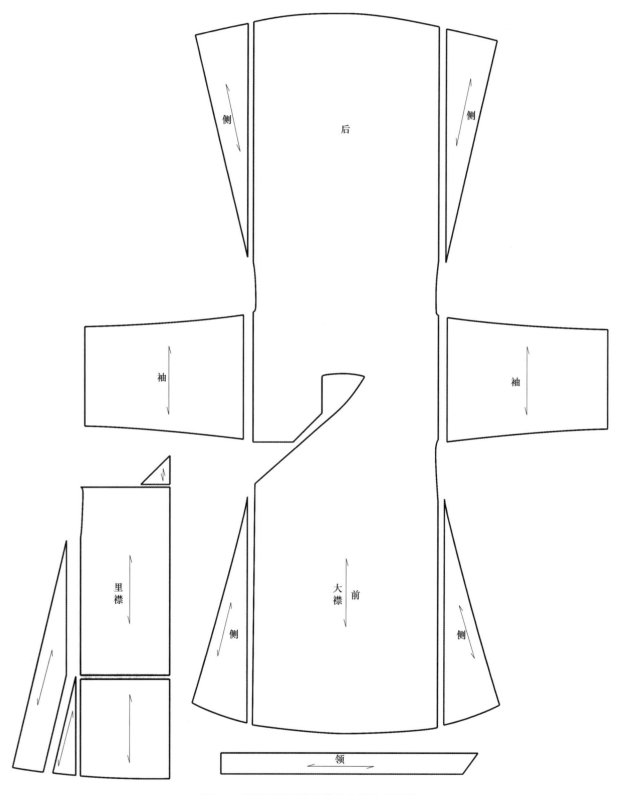

图3-5 提花绸长袖藏族黄袍主结构分解图

衬里与衣身有着密切的结构关系，对衬里结构的测量与复原可能对研究衣身结构有所启发。标本衬里的结构、裁剪方式及纱向使用情况与面料相同，只是由于幅宽不同（里料幅宽为76cm，面料幅宽为73cm），面料和里料的具体分割线有所错位。衬里结构由主结构和里襟结构两部分构成，并与面料主结构和里襟结构对应。由于里料相对廉价，不像面料使用精打细算而分片规整，但以布幅规划结构的宗旨不会改变，这种结构在藏袍中具有普遍性（图3-6～图3-8）。

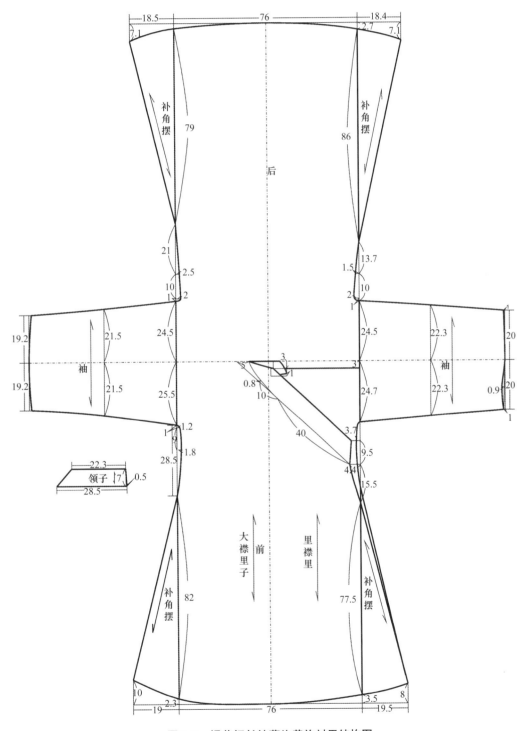

图3-6　提花绸长袖藏族黄袍衬里结构图

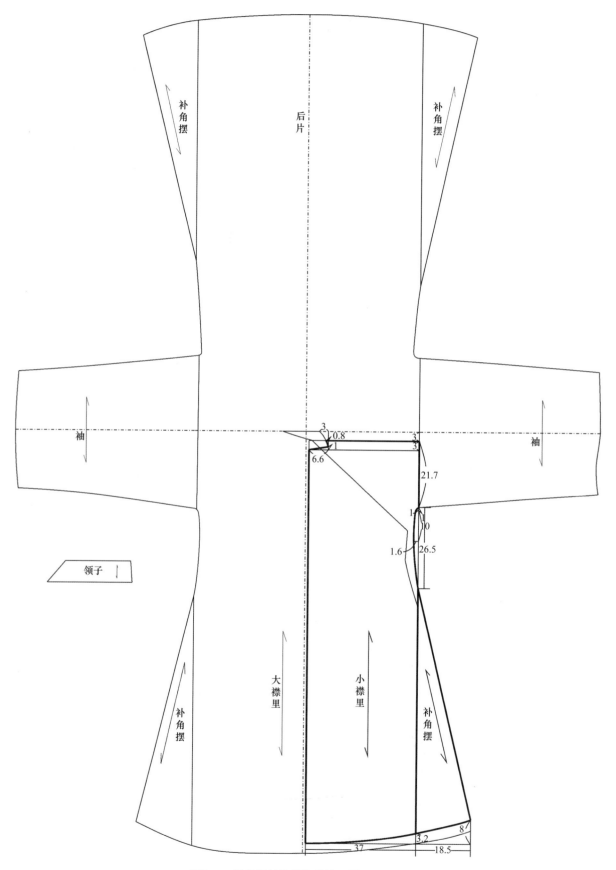

图3-7　提花绸长袖藏族黄袍里襟衬里结构图

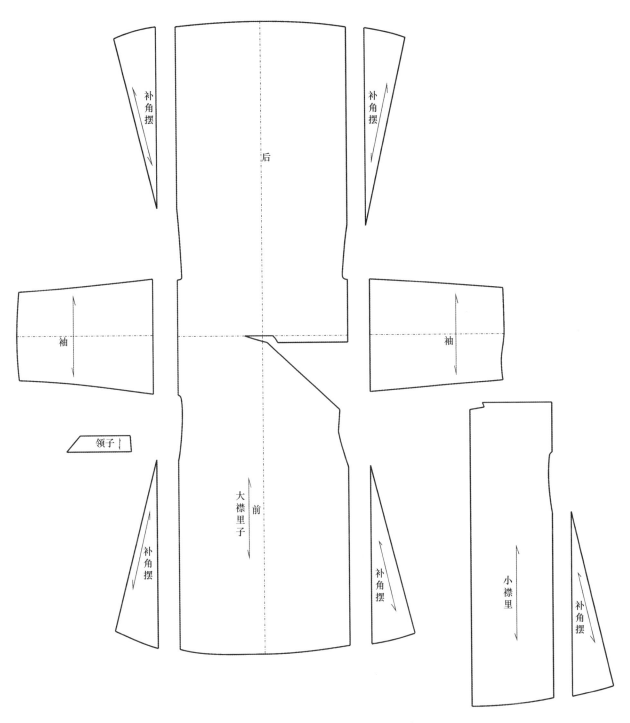

图3-8 提花绸长袖藏族黄袍衬里结构分解图

二、蓝色几何纹团花绸藏袍结构研究

蓝色几何纹团花绸藏袍为清末传世品，来源于青海省，是藏族贵族丝绸质地长袍的代表。与提花绸长袖藏族黄袍相比，一个大襟交领，一个大襟立领，两款都是古典藏袍的标志类型。这比清末民初同时期的汉民族服饰形制保持得更纯粹，这个时期汉族服饰已经开始西化了，出现和兴起改良旗袍、中山装。蓝色几何纹团花绸藏袍表面上看与汉族长袍没有什么区别，事实上它的结构保持着地道藏袍"连袖三开身十字型平面结构"。通过对其形制和结构的系统研究发现，它在细部结构上甚至还保留着传统藏袍特有的"深隐式插角结构"的古老信息。

（一）蓝色几何纹团花绸藏袍的形制特征

蓝色几何纹团花绸藏袍整体风格简约，没有多余装饰，立领的开襟方式等特点明显受汉族服饰风格的影响。根据其形制、面料、工艺等方面可判断该标本为藏族上层人士的传世品。款式为立领，右衽汉服式大襟，窄袖阔摆，无明显收腰，5粒盘扣，扣花为镂刻镀金的金属扣，领缘、袖口、襟缘镶有0.3cm的绲边，工艺细腻精致，下摆两侧有33cm的开衩，这种汉族袍服中常用的开衩在宽大的藏袍中是比较少见的，有汉俗遗风。该藏品面料为蓝色团纹提花绸，以几何回纹为底，织有"寿"字卷草团花图案，里料为蓝色棉布。其制作工艺为全手工缝制，针脚细密、平整。结构与提花绸长袖藏族黄袍相同，为典型的"连袖三开身十字型平面结构"，不同的是袖子腋下有插角拼接，是藏袍"深隐式插角结构"的一种简单表达。该标本采用了同时期汉族长袍较为合体的设计，从运用窄幅面料（幅宽60cm）到下摆的开衩、盘扣的位置、各部位的数据都证明了这一点（图3-9）。

（二）蓝色几何纹团花绸藏袍结构图测绘与复原

从蓝色几何纹团花绸藏袍结构的测绘和复原研究中发现，藏袍结构和汉袍传统结构同样有对造型唯美的追求，藏袍结构所秉承的节俭与崇物精神，表现出藏袍"万物皆灵"的朴素自然观与汉族"天人合一"的宇宙观有异曲同工之妙。这一切都是在中华传统服饰"十字型平面结构"的系统下实现的。

1. 从标本结构研究看藏袍造型的唯美追求

该标本整体结构可分面料结构和里料结构两部分。因为表、里均没有贴边装饰，只有局部的绲边，面料和里料结构构成规整，所以数据采集、测绘与复原作业从主结构和里襟结构两部分展开。

面料主体采用藏袍典型的"连袖三开身十字型平面结构"，即衣身由前后片、侧片和袖子三部

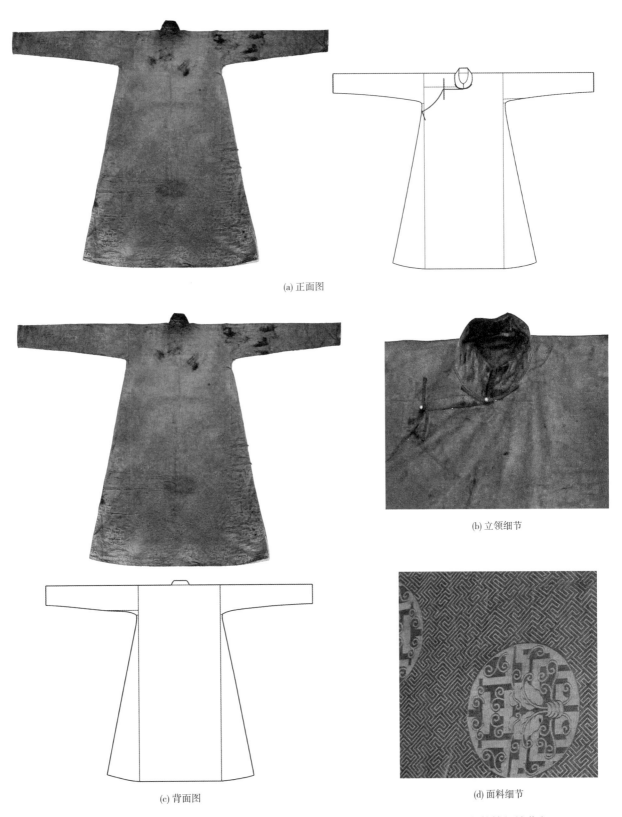

(a) 正面图

(b) 立领细节

(c) 背面图

(d) 面料细节

图3-9 蓝色几何纹团花绸藏袍外观图及面料图案细节图（北京服装学院民族服饰博物馆藏）

分构成。衣身前后片连裁，肩部、前后中均没有破缝，是基于良好地使用一块完整的布幅来制作，在袖片腋下前后分别加有插角，起到增加围度和满足腋下活动需求的作用，这是藏袍结构的通例，可定义为是一种平面、节俭的立体表达方式。侧片由腋下至下摆宽度逐渐增加（1.8~24.3cm），在腋下3cm处略收，达到侧片宽度最小值1.5cm（参见图3-10）。这对于藏袍直线平面裁剪有什么意义？这个围度最小值处于人体的什么位置？这些问题只有通过进一步的测量才能找到答案。

通过测量数据可知，样本围度最小值一周为126cm，处于肩下约24cm处。以中国标准的人体规格衡量，身高为175cm左右的男性（以Y-C体为准），净胸围在96cm左右，在合体结构中其袖窿深线位置在肩下约24.5cm。可见标本"最小值"并不处在腰部而处于胸部，即胸部松量达到约30cm，这按现在的松量经验也是一个较宽松的概念。而在胸围处（腋下）收1.5cm左右的量实际是没有任何作用的，显然这是基于袖子与侧缝线在腋下接序顺畅的考虑。从肩与衣身的整体关系来看，这种处理应该是具有某种潜在的技术含义。另外，该面料的幅宽约62cm（包括2cm缝份），在此基础上进行接袖。根据基本规格尺寸可知，身高为175cm的男性（以Y-C体为准）其总肩宽约44cm，可见，袖子的接缝位置是落在了肩以外胳膊上约8cm，并不是人体肩部的位置，它是一个模糊的肩部概念，由此可以断定，接袖位置是由面料的布幅宽度决定的。从这个角度来看，在胸部的收量是基于使衣身尽量取得一个理想外形的一种方式。当然，对于标本宽松、平面的结构不能主观地用合体方式去思考，但是它能够帮助我们从另外的角度去思考宽松结构中细节处理的成因。同样，对于这种相对合体度较高、造型讲究、工艺精致的藏袍而言，其结构上保持着脱离人体以外（不以人为尺度）的艺匠规范，是为了服装本身的结构系统更加美观而做出的努力，证明藏袍结构和汉古典服饰同样有对造型唯美的追求，前提是以最大限度地利用材料为原则（图3-10）。

2. 从标本结构的细节处理到敬物尚俭的朴素自然观

经过标本测量，发现大襟侧片上端宽度比里襟侧片宽度增加1cm，这意味着大襟边缘超过了侧缝线，有向后片转移的趋势，这样盘扣的扣位就会处于偏低的腋下部位，起到易操作且隐蔽的作用，在不影响胳膊活动的情况下又有更好的固定大襟的效果。这种在古典汉袍结构中才有的细腻处理，是我们在对藏袍做系统的测绘之前没有想到的，不过它多表现在丝绸材质贵族藏袍中。

对标本的立领、传统藏式开襟和在领部的特异性结构进行测量，我们发现传统藏袍在裁剪和结构设计上的智慧。由于前后片无中缝连裁，使用同一块整幅面料，这样就可以使大襟从前领窝开始走向左下方直裁出大襟，最终形成大襟的边缘形状，由于布幅的限制再接出三角侧摆形成整个大襟的雏形（汉袍服大襟因有中缝可以单独裁剪大襟）。在此需要处理的一个问题是，如何使剪开处留有足够的缝份和里襟相连，即要留出两个缝份的宽度，同时使面料的利用率达到最大化，这是藏袍无中缝结构的精妙之处，这也是区别于有中缝汉袍结构的藏袍结构类型。在此，藏族先民将这个问题与领扣进行了完美的结合。通过前领口中向下0.6cm对应的水平线的左侧按照里襟形状进行直裁，这0.6cm正好是一个扣襻的设计量，也是与里襟连接缝份的一部分，此时便确定了开襟的基本位置。主结构与里襟连接处在剪开位置只有1.3cm，用直线将主结构和里襟分开，这意味着主结构与里襟在此共有1.3cm的

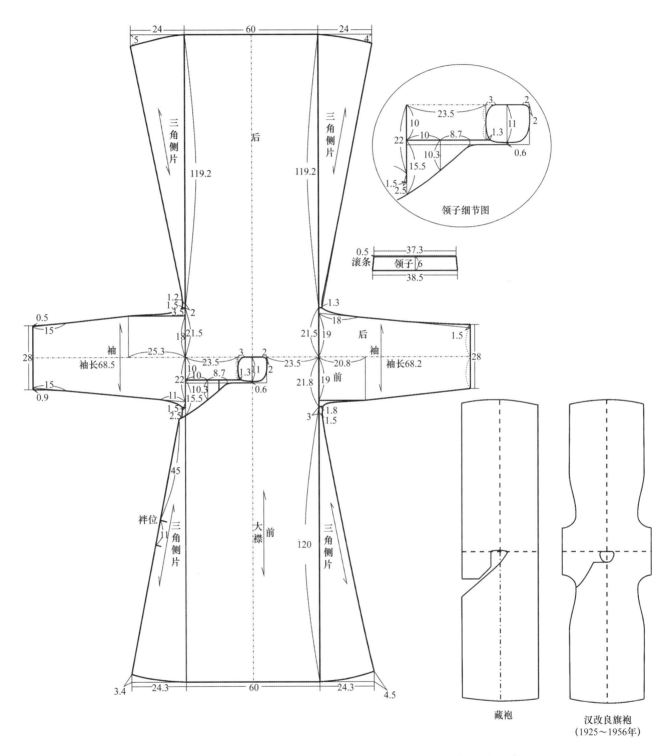

图3-10　蓝色几何纹团花绸藏袍主结构及汉族改良旗袍的"挖大襟"示意图

缝份量。大襟边缘则直接用绲边包裹，起到包覆面料毛边和加固的作用。这种处理方法不仅使领扣的位置最为合理，同时也获得了规整拼接和所需要的缝份，使面料的使用率达到最大化。这种"无中缝连裁大襟"手法，在1925年汉族改良旗袍出现之后才有，俗称"挖大襟"。"挖大襟"也是由于无中缝结构的结果，可见，这种手法既需要智慧和耐心，又体现了藏袍古老的结构形制，值得研究（参见图3-10领子、藏袍和汉改良旗袍细节图）。

蓝色几何纹团花绸藏袍标本的两袖袖肥约43.5cm，袖口宽为28cm，从接袖处至袖口渐收，袖底线形成明显的曲度，使袖子与衣身顺势连接。袖子结构的最大特色在于袖子腋下部位有插角处理，且两袖不对称，左袖插角在前，右袖插角在后，这种形制在藏袍结构中普遍存在。通过袖子的整体结构分析，袖子加入插角并不属于立体思维，与同属于藏袍"深隐式插角结构"类型有所区别但又有传承关系。此时的袖片通过无插角的完整裁剪是可以实现的，这表明插角没有造型作用，它的存在可能是使衣身排料最大化并充分利用边角余料的节俭意识，但需要考证。从其分布位置来看，主要是在腋下较为隐蔽的部位，将相对隐蔽的腋下与袖子主体分开，既能在排料时节省面料，又能满足袖围的需求，并保持袖子外观的相对完整。可见，袖子的腋下插角设计虽不具备造型性，但它在物资（特别是昂贵的丝织品）相对不足的藏区具有实际意义，体现了藏族传统文化朴素的自然观，通过节俭、敬物的行为祈福。

这种敬物尚俭的美德在衣身较为隐蔽的部位往往会被充分体现，尤其处于大襟遮挡下的里襟，其节俭计算也能证明腋下插角设计的动机。该标本的里襟由5块大小不一的面料组成，与主结构相连的2块面料比较完整，由2块半幅布料拼成，侧片由1块梯形、2块三角形共3块面料拼接，事实上它们刚好拼成一个约二分之一的布幅而几乎达到零浪费，重要的是这种形制不是个案，而是藏袍普遍的结构样式（图3-11、图3-12）。

衬里结构与面料结构分割基本一致，只是由于面料幅宽为60cm，里料幅宽为63cm，使衬里衣身、接袖、侧片等结构线的分布位置与主结构不同。这其中"布幅决定结构形态"是其朴素的"敬物尚俭"理念的体现，也有充分使用余料的考虑，其结果也使得表、里缝份有所错位，而更有利于表面的平整，有"无心插柳柳成荫"的味道。值得注意的是，标本结构无论简单或复杂，还是形制的异同，它的主体结构始终没有脱离"十字型平面结构"系统，这种技艺认同的文化现象还有更多的实证值得研究（图3-13～图3-15）。

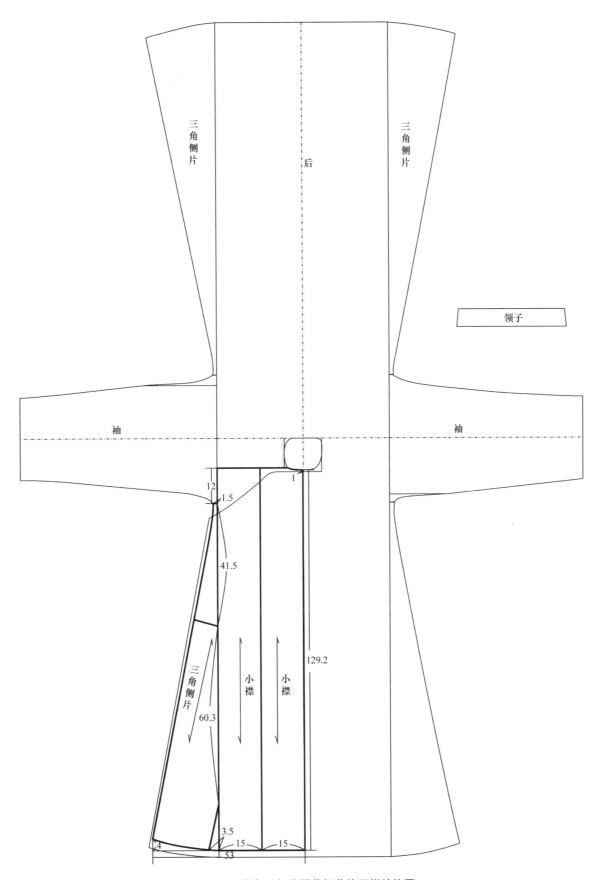

图3-11 蓝色几何纹团花绸藏袍里襟结构图

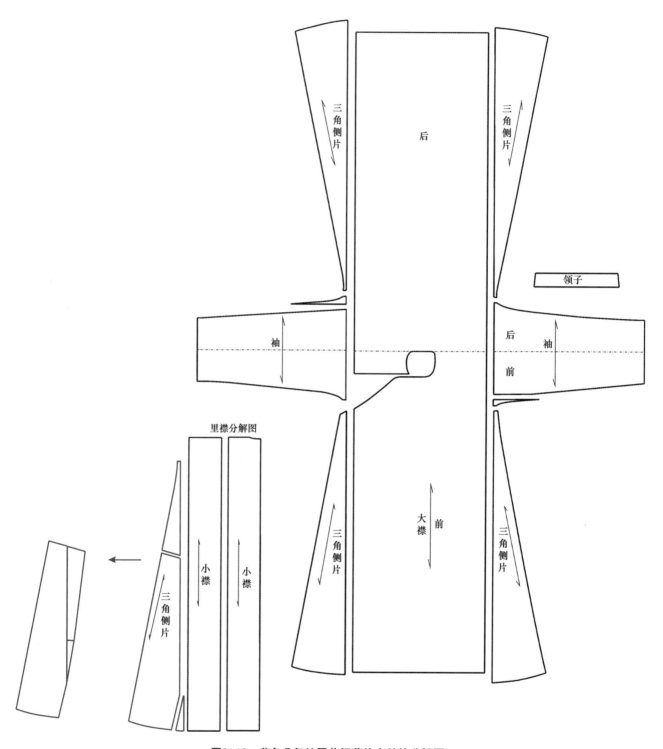

图3-12　蓝色几何纹团花绸藏袍主结构分解图

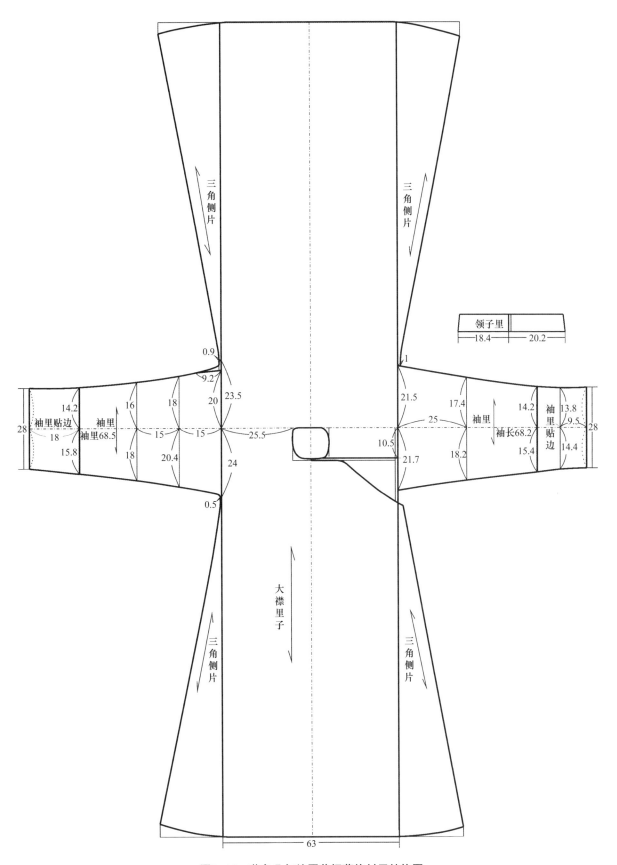

图3-13　蓝色几何纹团花绸藏袍衬里结构图

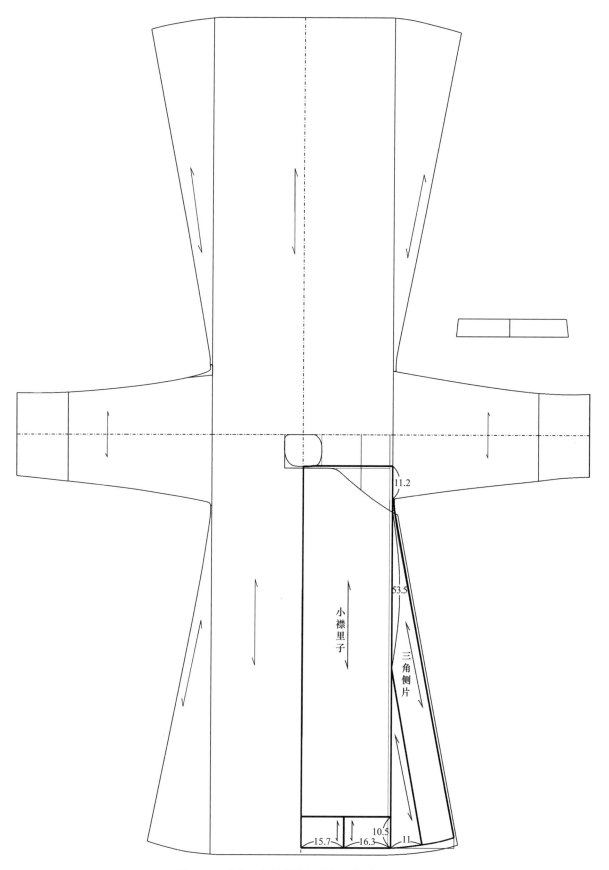

11.2

53.5

小襟里子

三角侧片

15.7

16.3

10.5

11

图3-14　蓝色几何纹团花绸藏袍里襟衬里结构图

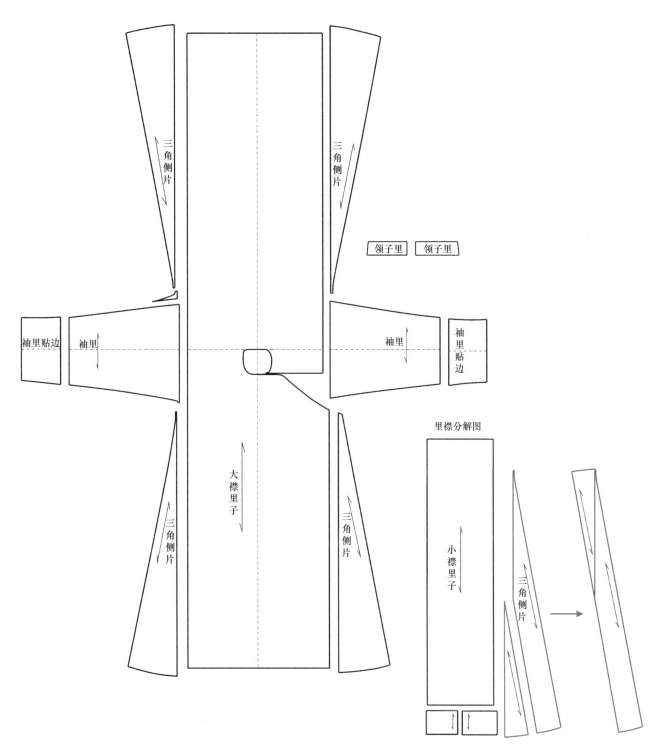

领子里　领子里

袖里贴边　袖里　袖里　袖里贴边

三角侧片　三角侧片

大襟里子

三角侧片　三角侧片

里襟分解图

小襟里子

三角侧片

图3-15　蓝色几何纹团花绸藏袍衬里结构分解图

三、天华锦藏族官袍结构研究

自从进入阶级社会，服饰作为社会文化的重要组成部分，必然成为体现阶级性的语言，成为统治阶级"严内外、辨亲疏""分等级、定尊卑"的工具。官服在这一功用上体现得最为突出。通过各种品级、职位不同的服装式样，区分官员的等级和职能，将官员与平民区分开来。各朝各代对官服制度传承有序并与官场礼制紧密结合，以明清两朝最具代表性。每次朝代的更迭必然带来官服制度的改变，官服制度、官服形制已成为统治者权力的一种象征，成为维护和巩固统治秩序的典章制度中的一项重要内容藏族官袍也是如此。

旧西藏政教合一的政治体制强化了西藏以宗教为核心的官场生态。早从吐蕃时期开始，就有了赞普官员不同的衣着，并为之立制。在元朝时正式纳入中央管辖，但并没有强制实行统一的官服制度。由于西藏高原地理位置的特殊性和高度宗教化的文化特质，官服形制在吐蕃王朝之后相对稳定。元朝时期藏蒙汉文化交流更加密切，藏族官袍的形制受蒙古族服饰的影响较大。元朝在西藏分封各级官吏，不同品级穿着不同花饰的藏袍，戴不同的顶冠。明清时期中央与西藏地方政权的联系进一步加强，服饰交流主要是通过赏赐面料或服饰给西藏贵族、官员。清代藏传佛教成为"国教"，西藏地方政府的各级职官虽无须按照清朝中央政府官员严格的服装规制着装，但藏满汉文化的渗透已成为一套约定俗成的地方特色突出地表现在社会上层的着装规范中（图3-16）。

图3-16　西藏俗官服
（布达拉宫珍宝馆藏）

在不同的历史时期，西藏地方官服虽然有地域的特点，如"前藏"（拉萨地区周边）、"后藏"（日喀则地区周边）等，但均受到了汉族文化的影响，直到民国西藏贵族明显地以上海等沿海发达地区上层社会的时尚装束来强调自身的贵族品位，所以各民族的交流总是以发达的汉文化为依归，表现出中华服饰形态"此消彼长，一统多元"的文化风貌（图3-17）。对此具有价值的实证考据是进行标本系统数据采集测绘研究的天华锦藏族官袍。它是西藏俗官袍的典型代表，是北京服装学院民族服饰博物馆的馆藏珍品之一，为清同治年间制作，采集于西藏。对其进行细致深入的结构研究，能够从全新的视角进一步探讨藏汉交流更深层的物质文化，具有重要史学价值。

(a) 穿着长袍马褂成为20世纪初西藏贵族的时尚   (b) 西藏贵族室内陈设

(c) 室内陈设家具细部图案
（"老上海"风格的旗袍和《西游记》情节彩绘）

图3-17 20世纪初西藏贵族服饰及室内装饰的汉化风格（摄于西藏帕拉庄园）

（一）天华锦藏族官袍的形制特征

天华锦藏族官袍形制规范，对称性强，面料、工艺考究，是一件难得的传世珍品。其款式为交领右衽大襟，窄袖阔摆，合体性较强，腋下用黄色丝带系扎，起到固定大襟的作用。腰部有缎带装饰，呈上衣下裳汉制，为典型明代形制传承而来。据考证，它的原型是蒙古"质孙服"（图3-18）。

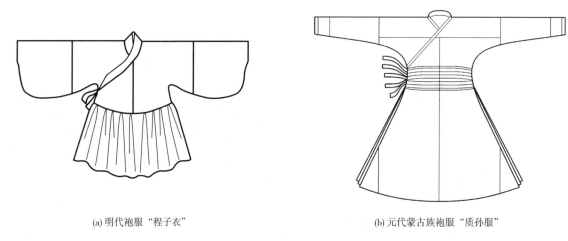

(a) 明代袍服"程子衣"　　　　　　　　　　(b) 元代蒙古族袍服"质孙服"

图3-18　汉族与蒙古族的上衣下裳结构袍服

天华锦藏族官袍装饰汉化明显，袖口、下摆饰边织有龙纹、如意等吉祥纹样，为质地精美的妆花缎。妆花缎是多彩纬提花织物，用精炼过的熟丝染色后织造而成，是云锦中外观最华丽、最有代表性的品种，深受藏族等少数民族的喜爱。其配色古朴细腻，色彩变化丰富，织物的背面有彩色抛绒。

该官袍的面料为天华锦，它是一种满地规矩纹锦，源于宋代的"八达晕"锦，是宋锦的代表，又名"锦群""添花锦"，取其"锦上添花"之意，"天华锦"由此而来。锦纹的基本构成是用圆形、方形、菱形、六角形、八角形等各种几何形图案，作有规律的交错排列，组成富有变化的锦式骨架。特点是锦中有花，花中有锦，花纹繁复规整，整体效果和谐统一。明清两代，这种锦纹多用于佛经经面和画轴装裱的衬绫，配色丹碧玄黄，错杂融浑，华美湛丽。里料为肉色棉布，这是藏族官袍中渗透佛教色彩的典型藏服标本。

结构上前后中有破缝（因布幅较窄所致），左右对称，明显受到汉族服饰结构的影响。腰部断开，分成上衣下裳结构经历了蒙古"质孙服"，明代"程子衣"，到清代借此演变为帝王的朝袍形制，由此推断有清廷赐服的可能。它体现了藏族服装用两维形式表达的立体思想，是一件在结构上包容藏蒙汉文化的杰作（图3-19）。

该官袍在制作工艺上为全手工缝制，针脚、缝份全部在表与里的夹层中，从表与里基本看不到针脚，可见缝制时针脚的细密程度。面料与里料拼接时，面料边缘均为里扣0.15cm，非常规范，衬里的侧缝处留有0.5cm的"眼皮"作为活动时的必要调节。从面料、形制、装饰及细节的工艺处理等方面，我们看到了这件官袍在制作时的考究与耐心，基本上可以代表藏族服饰工艺技术的最高水平。

(a) 正面图

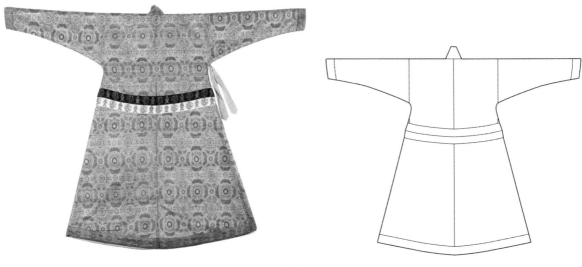

(b) 背面图

(c) 面料图案细节

图3-19　天华锦藏族官袍外观图及其面料图案细节图（北京服装学院民族服饰博物馆藏）

（二）天华锦藏族官袍结构图测绘与复原

天华锦藏族官袍在结构形制上吸收了汉族和蒙古族袍服的一些手法，与一般的藏袍不同，主要表现为：前后中有破缝，腰部断开，装饰有缎带分割而成上下两部分。这种前后中有破缝的结构与汉服传统结构相似，上衣下裳的形制又延续了蒙古族袍服结构的传统。这种充满蒙古族袍服特色的腰部装饰的运用将衣身主面料断开更是与藏袍结构有质的区别。但作为藏族官袍，其又透露着藏族服饰的语言，如交领，右衽大襟（传统蒙古族袍服为左衽），袖口及大襟、下摆边饰的佛教纹样和表达汉文化的宋锦——天华锦面料，都昭示着传统政教合一的主流社会生活形态。在结构上尤其是肩部的接袖形制的坚守等基本形制和装饰手法展现出藏袍的典型特色。可见，这件官袍是汉族、蒙古族、藏族文化交融的产物，可以大胆推断这是一件清中央政府赐予藏族官员的官袍。

为获取该标本的准确结构图，我们对面料和里料结构进行了数据采集，主要包括主结构、里襟结构、贴边结构的测量与复原，由此完成了该标本的全部数据采集和结构图复制工作。

此官袍结构包括主结构、里襟结构、贴边结构。主结构的测量与复原包括衣身、袖子和领子三个部分。衣身前后中有破缝，除去因交领带来的左右不对称之外，其他均为对称结构。以腰部的缎带装饰将衣身分为上下两个部分，类似先秦汉服的上衣下裳。从底摆的宽度可以推断面料幅宽约57cm，袖子也用了一个布幅，而肩部尺寸左右各33cm，在中间裁开，这个尺寸既没有使用完整的幅宽，也没有使用半幅。它的玄机在于，由上衣下裳分割成两部分，在无破缝的前提下，上衣一个整幅不足，两个半幅浪费，因此就专门制作了窄幅天华锦（幅宽约34cm），证据就是在后腰部接缝两侧有不足窄布幅宽的"补角摆"。并且以此断缝接袖，也正是坚持了藏袍三开身结构的法则，说明"肩缝接袖"是藏袍结构的共同记忆。前后中破缝是汉族服饰结构的基本特征，但在接袖形制上没有采用汉服不强调肩的位置，由布幅决定接袖位置的原则，而是选择了小布幅的肩部接袖，强调衣身与袖子的归属，这便是藏袍结构坚守藏制的所在。领子的交领结构为完全直领，领子上有拼接线，且两块面料的丝道并不一致，可见这是充分利用面料的结果（图3-20）。

官袍里襟下摆平直，用料完整，工艺细腻，有品质感，体现了官袍比一般袍服要讲究的艺匠特点（图3-21、图3-22）。

官袍饰边采用了分裁的方式，缎面的妆花弧度与下摆弧度高度一致，妆花饰边是根据所需弧度单独织造的。这说明标本的每一个细节都是精心设计和专门工艺匠心独运的结果（图3-23）。

官袍衬里结构以面料结构为基础，因为里料比较隐蔽，分割、分片、缝缀较多成为衬里结构的特点。这一特点在民间常服中已表现得淋漓尽致，该标本作为官袍也是如此。对其从主结构和里襟结构两个方面进行数据采集、测绘、结构图复原，仍可发现，"表尊里卑"的东方美学和"物以致用"的节俭思想深入人心（图3-24～图3-26）。

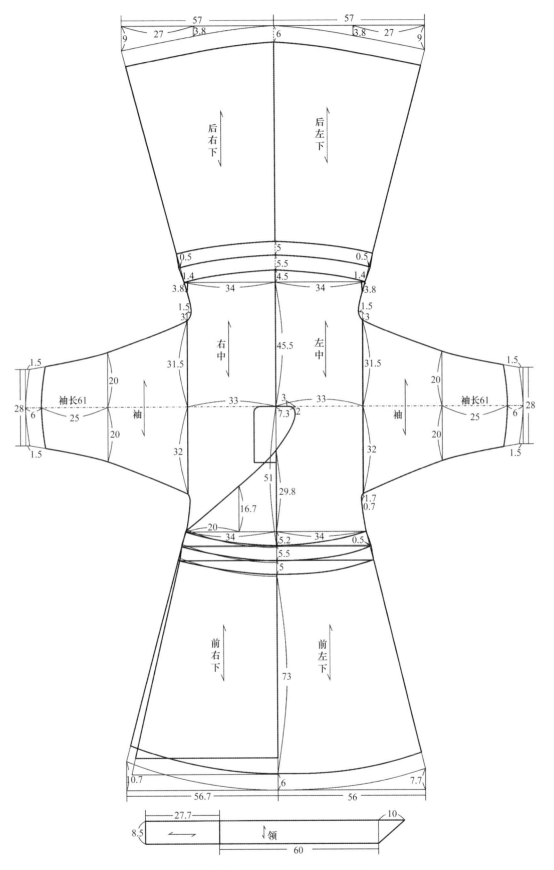

图3-20　天华锦藏族官袍主结构图

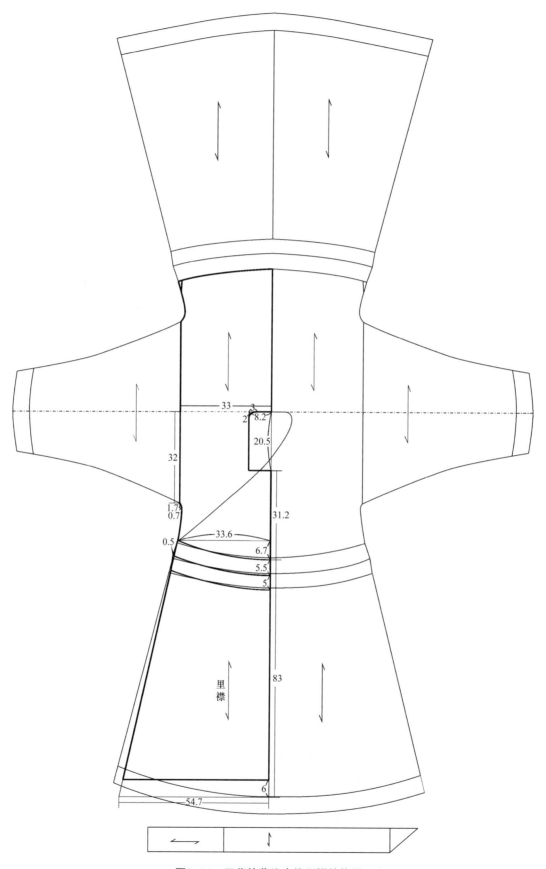

图3-21　天华锦藏族官袍里襟结构图

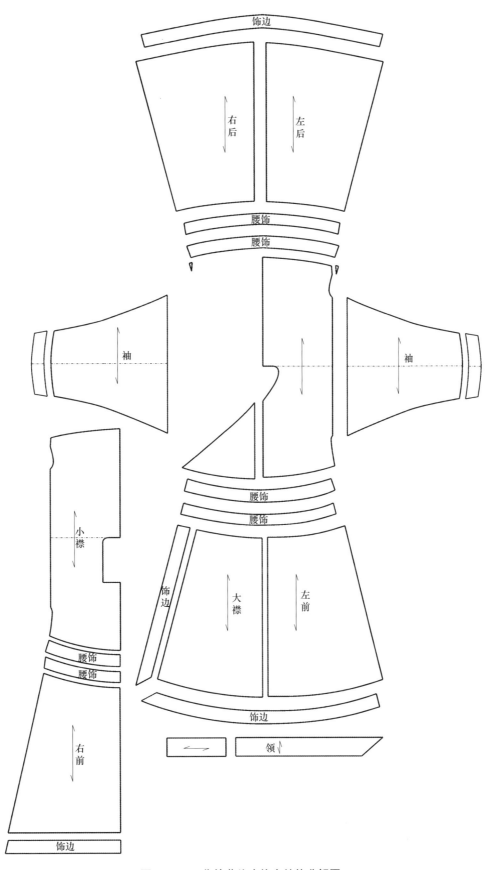

图3-22 天华锦藏族官袍主结构分解图

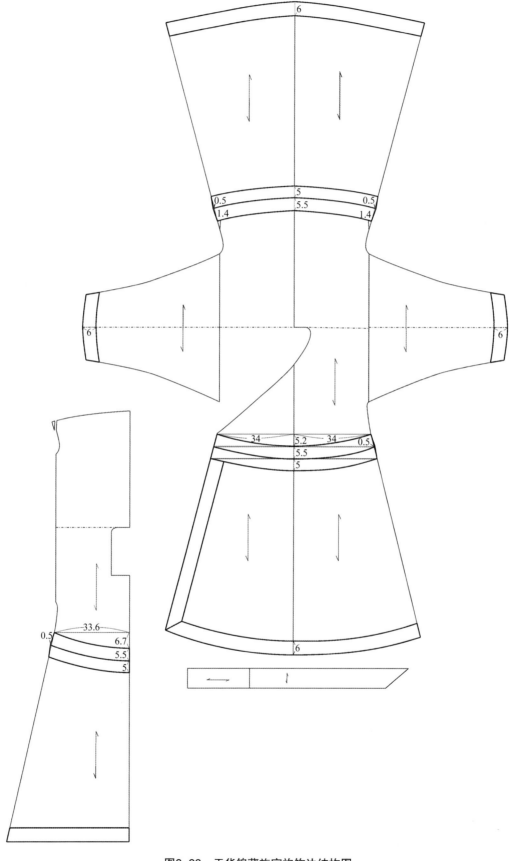

图3-23　天华锦藏族官袍饰边结构图

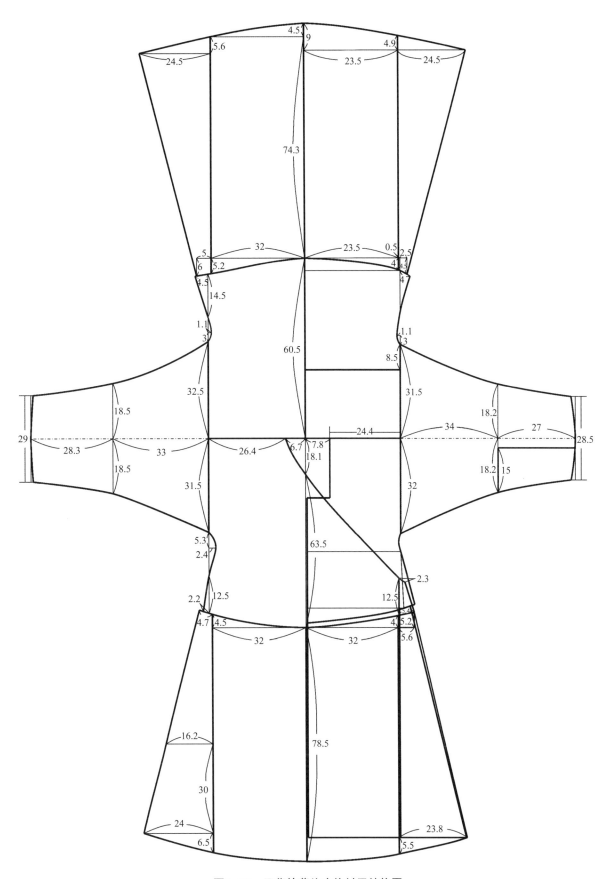

图3-24　天华锦藏族官袍衬里结构图

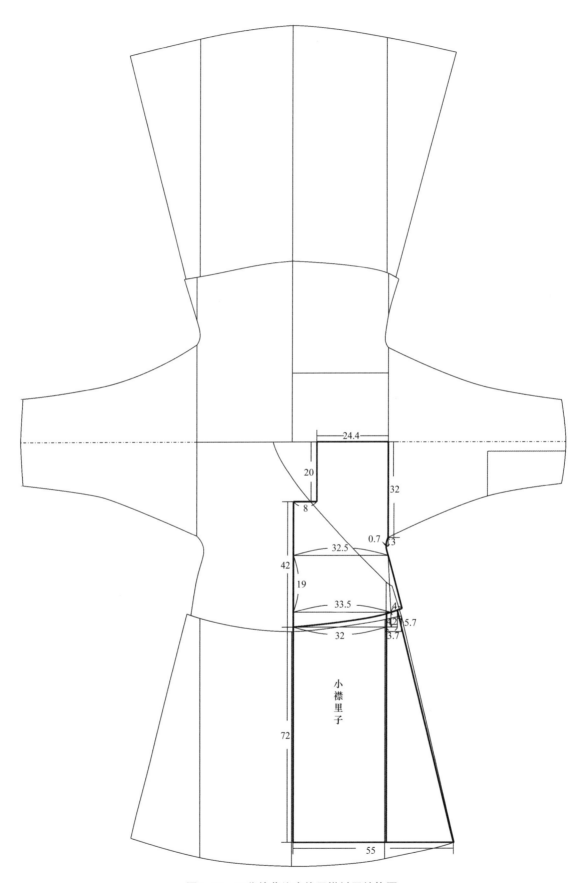

图3-25　天华锦藏族官袍里襟衬里结构图

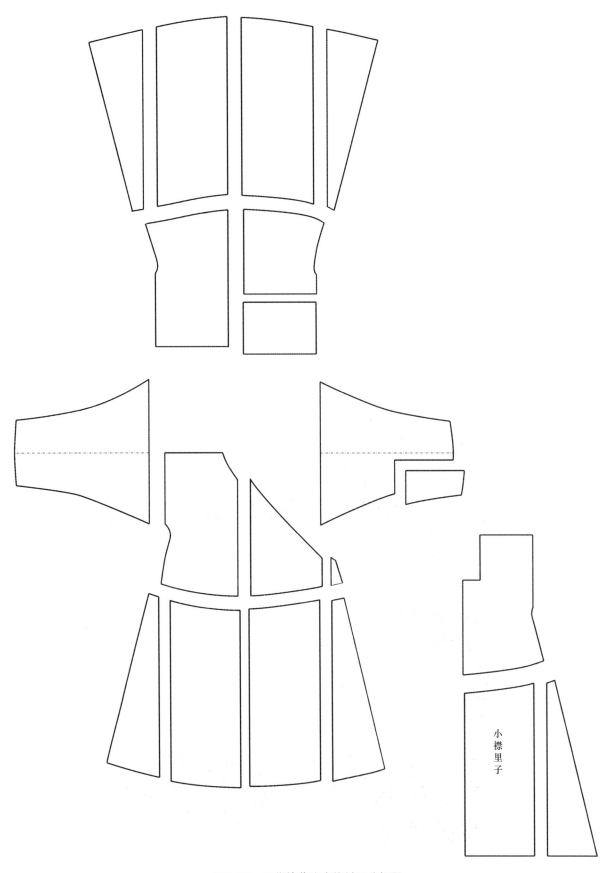

图3-26　天华锦藏族官袍衬里分解图

四、蓝菊花绸无袖长袍结构研究

　　西藏地处西南高原，交通相对闭塞，但这没有堵塞其与外界经济、文化的交流。自唐代中央政权和西藏地方政权通过皇族间的联姻，使藏族和汉族之间的经济文化交流一直贯穿于西藏的历史变迁中。西藏历史上的第一座寺院桑耶寺就是融合了藏族、汉族、印度三种建筑风格的代表，到后来的藏传佛教寺庙建筑，都渗透了儒道建筑的殿堂风格，甚至出现了完全汉化的佛教寺院（图3-27）。

　　20世纪初，西藏的上层社会与国际间的交流并不亚于中原和沿海地区，而且并不仅限于与印度、尼泊尔等佛教国家的交往，其与西方国家的交流大大超出了我们的想象，其对藏区人民生活的影响可以从各种佛造像、贵族用品等方面体现出来（图3-28、图3-29）。

图3-27　融合藏族和汉族文化的寺院（摄于桑耶寺、大昭寺）

(a) 尼泊尔风格弥勒菩萨立像　　　(b) 印度风格度母立像　　　(c) 克什米尔风格弥勒和观音立像
（12～13世纪）　　　　　　　　　（11世纪）　　　　　　　　（11～12世纪）

图3-28　藏区各种不同风格的佛造像（西藏博物馆藏）

(a) 旧贵族庄园里的进口食品与用品

(b) 旧西藏贵族与洋人的合影

图3-29　藏区上层社会与国外的交流（摄于西藏帕拉庄园）

　　藏族服饰自然在一定程度上也受到外来文化的影响，值得研究的是，这种影响在20世纪初与我国沿海地区的上海市、广州市几乎是同步的。藏族传统服饰中的无袖长袍是藏族妇女夏季穿着的典型服装，又称"求巴普美"，是西藏都市妇女的常装。19世纪80年代，由印度传入的无袖长袍与现代汉人改良旗袍结合的产物受到藏族女性的青睐。要知道，这种完全颠覆"十字型平面结构"中华服饰传统的改良旗袍，到了1956年才出现，且是在我国台湾发端影响到上海、广东等沿海省市的，它在西藏的流行仍是学术之谜。这种无袖长袍不用另备腰带，裙子上原本就缝制了腰带，有围腰的功能，夏季在田间劳作既美观穿起来也方便（图3-30）。蓝菊花绸无袖长袍标本采集于西藏，是改良"求巴普美"的代表，在形制特点上具有典型性。

(a) 改良前的无袖长袍　　　　　　　(b) 改良后的无袖长袍

(c) 现代生活中的无袖长袍（正面和背面，摄于拉萨郊区）

图3-30　"求巴普美"夏季无袖长袍
［图（a）、图（b）图片来源：《藏族服饰艺术》］

（一）蓝菊花绸无袖长袍的形制特征

　　蓝菊花绸无袖长袍为女罩袍，右衽大襟交领，连体围腰是该标本的独特之处，结构是将腰线以下两侧缝处延展出约四分之一腰围的宽度作围腰，并在围腰上端接腰带，使用时可以向前围，也可以向后围，带子再折回至前中或后中在腰部系扎，这是藏族妇女从事家务、田间劳作和抚育幼儿不可缺少的应急装备。结构上，胸腰部前后施省，肩部采用肩斜接缝，这些特点明显地表现出西化立体裁剪的意图。这种类似汉改良旗袍的裁剪完全摆脱了藏袍"三开身十字型平面结构"系统。这个信息也证实了该标本为20世纪60年代之后的作品，且可视为20世纪50～60年代藏族和汉族文化交流的经典案例。面料有菊花图案和"吉祥""健康""如意"等吉祥文字的蓝色提花丝绸，有明显的汉化倾向。无衬里，工艺为机缝，做工较为粗糙，样本为近代民用常服。正因如此，该标本具有藏袍结构汉化的普遍特点，在时间点上与汉族改良旗袍吻合，为我们研究藏族和汉族服装时尚交流史提供了一个可靠的实物考案（图3-31）。

(a) 正面图　　　　　　　　　　　　　　　　　(b) 背面图

(c) 侧面示意图　　　　　(d) 面料图案细节

图3-31　蓝菊花绸无袖长袍及面料图案细节图（北京服装学院民族服饰博物馆藏）

（二）蓝菊花绸无袖长袍结构图测绘与复原

蓝菊花绸无袖长袍已经脱离"十字型平面结构"系统，走进了立体结构范畴，注重塑造人的立体造型，无论里襟还是外部的大襟均进行了多处收省处理，这或许是在传统藏袍"三开身十字型平面结构"中和汉服同步接收西方立体结构的经典实物。标本总体结构分为前后片、里襟、两侧围腰和领子6个部分，分别对其进行了结构图测绘和复原。标本因为没有里子，为我们测绘各部位的立体结构提供了重要前提，有利于客观结构的复原。

领子裁片进行了多处拼接，为立体结构。在衣身领圈弯度的基础上直接进行领子的拼接，有原身出领的结构特点。其断缝比较自由，没有依据肩线的位置。总体上大襟完整、里襟拼接，最宽位置有5cm，但宽窄不一，尤其是被大襟遮挡的部分，宽度仅有1.5cm，这是在节省面料的同时又要保持外观规整做出的努力。同时可以看到，平民化的服饰对形制的规范性要求并不高，尽可能地节省面料并取得较好的外观效果是这类服饰的侧重点。

该长袍样本上身合体，下身宽松度可通过围腰系带自由调节。衣身上部为合体结构，左右肩斜略有不同，在12°～16°，对比女性平均肩斜21°，可知，样本肩部有一定松量，或跟无肩缝的传统习惯有关，方便在内增加衬衣等衣物。因为上下连体，上身在腰部收省，腰部的围度已成为一个限定值，经测量，腰部围度约为90cm。从腰线以下增加的连体围腰和追加的侧片对折后缝合在一起的双层完成了围腰部分，尺寸约等于腰部的一半围度（缝合方式为前后侧缝分别与折后围腰布边连接），保证了左右两侧围腰在使用时能够在腰部（前或者后中）对接，并用带子系扎。围腰对折连裁的手法还能看出传统藏袍"三角侧摆"前后连裁的痕迹，下摆的宽度与腰部收省前宽度一致，并以一个布幅裁制，两个单独围腰裁片为半个布幅，可用一个幅宽裁制，可谓藏袍"布幅决定结构形态"的时代诠释。藏袍中这种与旗袍一样充满"改良"意味的结构，穿着时上身的立体造型和腰部用丝带系扎，下摆微张，整体轮廓呈现小X形，使人体曲线犹如改良旗袍的美感发挥得淋漓尽致。这正是藏袍结构的一个特殊历史时期具有标志性的标本（图3-32）。

蓝菊花绸无袖长袍的基本形制是19世纪80年代从印度引进的，称为"求巴普美"。但是其立体结构的西式裁剪是从印度一并引进？还是在此之前无袖长袍结构已经出现了立体结构？在无袖长袍结构中明显表现出20世纪30年代西文东渐的时代信息，有汉服20世纪50～60年代改良旗袍的影子。西方的裁剪方式在民国中后期开始进入中国，1925年以后出现了旗袍的过渡期，但仍没有普遍使用省。"改良旗袍"是以1952年以后分身分袖施省确立的基本结构形制至今，并主要流行于台湾、上海、广州等沿海地区和城市。这种结构去除了传统旗袍中的部分余量，使服装变得更加贴体，把原本平面式的造型转化成了立体造型，重在塑造女性的胸、腰、臀部位。将这种改良的藏族女袍结构与改良旗袍进行比较研究发现，藏族改良无袖长袍对省的运用，对立体造型的追求与其如出一辙。改良旗袍的立体结构在20世纪50年代已经风靡，有一种看法认为，改良无袖藏袍是在19世纪80年代从印度引进，这不禁使我们产生疑问。随着新中国的成立以及改革开放的进行，藏族与汉族的联系变得日益紧密，立体结构受到汉族影响的可能性更强，所以这种改良前的"求巴普美"从印度引进时是平面结构且无省是真实的（参见图3-30），其改良后的立体结构是受到汉族服饰（如旗袍）立体结构影响的推测变

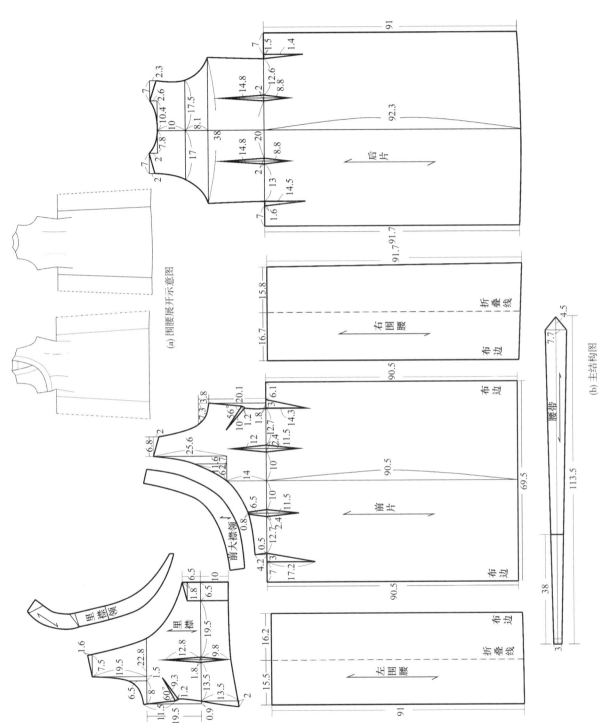

（a）围腰展开示意图

（b）主结构图

图3-32　蓝菊花绸无袖长袍主结构图

得更加可信。（图3-33）。

从历史节点到汉藏袍服结构的趋同是真实可信的。然而藏族袍服在款式上采用交领右衽大襟和连体围腰的形制又表现出藏族女袍独一无二的地域特色。由此可见藏文化自古以来就不是封闭的，她在不断积极地引进汉族及西方先进文化，并结合自身进行消化，她并不是单纯地引进，而是将其有效地融入自身文化之中而成为中华"一统多元"文化特质的重要类型。

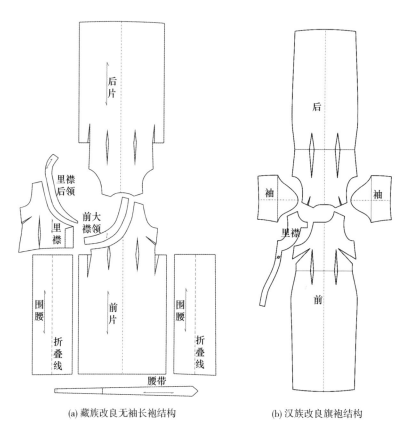

(a) 藏族改良无袖长袍结构   (b) 汉族改良旗袍结构

图3-33　藏族改良无袖长袍与汉族改良旗袍结构比较

第四章

藏族宗教服装结构的教俗结合与中华基因

佛教是西藏社会形态的重要组成部分，它在西藏的发展具有一定特殊性。佛教自公元七世纪传入西藏之后，受到吐蕃藏王赞普的大力扶持，与当地的原始宗教本教结合，形成了西藏独特的官方宗教藏传佛教。藏传佛教中兴后形成了宁玛派、噶当派、萨迦派、噶举派和格鲁派五大派别，其教义、服饰各不相同。其中，格鲁派形成于十五世纪初（明朝中后期），后来发展为西藏的官方宗教，达赖和班禅即是格鲁派始祖宗喀巴的世传弟子。宗教在西藏社会中的特殊地位，使宗教服装成为藏族服饰中不可或缺的一部分。事实上由于藏族全民信教，日常生活的民俗服装与宗教服装一直有着千丝万缕的联系，两者相互结合，成为西藏服饰发展教俗合一的特点，区别主要在于色彩和装饰系统，就服装结构而言几乎没有区别。

据史料记载，公元八世纪西藏出现了第一批僧人，宗教服饰就已兴起，各教派的样式和穿着大体一致，宗教文化以多种形式与手段渗透于服饰中。服饰以色彩区分不同的派别，以面料和装饰形制表达不同的僧侣等级，它们以特定的纹章和符号表达特定的教义，同时，这种理念也渗透到一些民俗服饰的传统技艺中。但在结构上，既有教俗合一的特色，又有汉藏交融的中华气象。

在此选取了北京服装学院民族博物馆馆藏的三套清代传世宗教服饰样本，一套为喇嘛常服，包括长袍和坎肩长袍各一件。第二套为藏族宗教仪式场合用服装。它们分别代表着喇嘛生活的不同方面，使我们更全面客观地了解藏袍的特点与内涵。喇嘛常服的宗教特色主要在面料、色彩和图案上得到体现，值得注意的是，其在结构上对面料的分割缝缀与民间服饰一样，都体现了节俭与物尽其用的传统美德。另一套宗教用大袖衣，是佛事集会时所用，华丽庄重，这种看似"贫"与"炫"的对比，不仅仅是物资多少的反映，更体现了对宗教的崇拜与虔诚。在整体结构上，它们都保持着中华传统服饰"十字型平面结构"的形态，但局部又有结构的特色处理。随着对其结构研究和理论探索的深入，相信能够为其找到一些社会与文化线索的新发现。

一、黄缎喇嘛长袍结构研究

黄缎喇嘛长袍与紫红坎肩长袍是一套可以组合使用的僧侣服饰。黄缎喇嘛长袍为清代传世品，采集于西藏，全部手工缝制，研究价值很高。对其结构研究印证了藏族服饰教俗合一的结构特点与对物敬畏的节俭意识。

（一）黄缎喇嘛长袍的形制特征

黄缎喇嘛长袍由两种面料组成，主面料为印有右旋"卐""雍仲拉曲[1]"纹样的黄色缎子，副面料

---

[1] 雍仲拉曲："卐"字符，藏语称"雍仲"或"雍仲拉曲"。"卐"有单图、也有连图，形状有左旋，也有右旋，用在藏传佛教上的标志是左旋，用在雍仲本教上的标志是右旋。据《辞源》载："卐"本不是文字，而是佛教如来胸前的符号，意思是吉祥幸福。"卐"又是上古时代许多部落的一种符咒。"卐"在古印度、波斯、希腊等国的历史上均出现过；印度的"卐"符号出现于印度河文明时期，其出现的时间距今约4500年。中国的"卐"字符出现时间距今大约也是4500年，它原是抽象蛙肢纹的变形。青海柳湾陶器上的"卐"纹样就是蛙肢纹的一种抽象变形。

颜色比主面料略深为横竖缎纹和右旋"卍"符的赤黄色缎子，右旋"卍"纹说明该标志有雍仲本教色彩，在现代藏传佛教中皆用左旋"卍"，故很珍贵。里料为白蓝条相间的薄呢子，有保暖的功效。款式为交领右衽大襟。结构形制为传统藏袍典型的"三开身十字型平面结构"，两个三角侧片采用方法前后连裁（现代藏袍为"分裁"），衣身前后片连为一体，宽度为一个布幅并在肩部接袖。里襟和后片下方做了主面料与副面料的拼接处理。无论是图案还是面料颜色，标本都体现出浓郁的宗教色彩。"雍仲拉曲"纹样由连续的菱形图案和右旋"卍"符组成，连续的菱形图案有"延续不断、没有尽头"之意，与象征本教的"卍"符组合在一起，寓意佛教有着无穷无尽的力量，两种面料均有此意。因等级和职位高低不同，藏族僧人服装在衣料质地、颜色上有所差别，主要表现在：黄缎、赤黄缎只有活佛或高僧才能使用，一般僧人只能着红氆氇或毛料。根据质地、色彩可推断，该喇嘛长袍的拥有者在僧人中具有较高的身份和地位（图4-1）。

以横竖缎纹和"卍"符图案组成的副面料，其新旧程度明显新于主面料，但从工艺上来看，此两处面料与主面料拼接工整，没有补缝的痕迹，里子与面料拼接完好，并且里襟不会直接暴露在外，不会受到摩擦等老化作用的影响，可推测两块面料本身就有新旧程度的差异，之所以拼接是因为主面料长度不足而不得不进行拼接。同时其里贴边由数段较零碎的蓝布条拼接而成，这种从里到外透露出的节俭意识在宗教服装中并非偶然，在该套喇嘛长袍的另一件紫红长袍坎肩中也有同样的表现。

（二）从黄缎喇嘛长袍结构测绘与复原看节俭的宗教精神

依照由外至内、从主到次的原则，分别对黄段喇嘛长袍的主结构、里襟、袖子、领子、贴边等进行了全方位的测量、数据采集和结构图绘制，力求获得标本详细可靠的结构信息。通过初步分析，黄缎喇嘛长袍是个体现着节俭宗教精神的典型标本。

标本主结构主要包括衣身前后片、三角侧片和袖子3部分。通过测量得出衣身前后连裁为一整块布幅，幅宽约67.5cm。领子属平直结构，如同一个长的直角梯形，这是藏袍交领式领子的共同特征（传统汉服交领为长方形）。在所测非宗教的藏袍中，如氆氇藏袍，通袖最长可达262cm。西藏的高寒气候，生活、生产、劳作一服多用的考虑，成就了藏袍长袖的典型特点。与民间藏袍相比，该喇嘛长袍的袖长只有59cm，通袖长仅185.5cm，比一般藏袍的袖长短很多，这与喇嘛常做佛事和寺庙环境的生活方式有密切的关系。通过对藏区寺院的实地考察我们了解到，在喇嘛的日常生活中，最主要的是学习、诵经、辩经和礼佛，没有特殊事宜，一天中有近10小时在学习、诵经，基本所有活动都是在室内或寺院进行，辩经还需要上肢做肢体动作传递信息，这些都不需要长袖，过长的袖子反而不方便，因此坎肩式袍服成为喇嘛长袍的标准配置就顺理成章了。另外还有喇嘛专门负责制作食物和贡品的"艺僧"，演奏乐器的"乐僧"。适中长度的袖长能更好地适应日常生活，在他们看来，日常生活就是在做一个个宗教事项（图4-2）。

通过对标本结构图的还原，发现黄缎喇嘛长袍与民间藏袍在主体结构上是一致的，即"三开身十字型平面结构"，衣身使用整幅面料（前后中无破缝），三角侧片前后连裁，袖子另接，这种结构形态仍没有脱离中华传统服饰"十字型平面结构"系统。如同传入西藏的佛教与当地本教结合形成

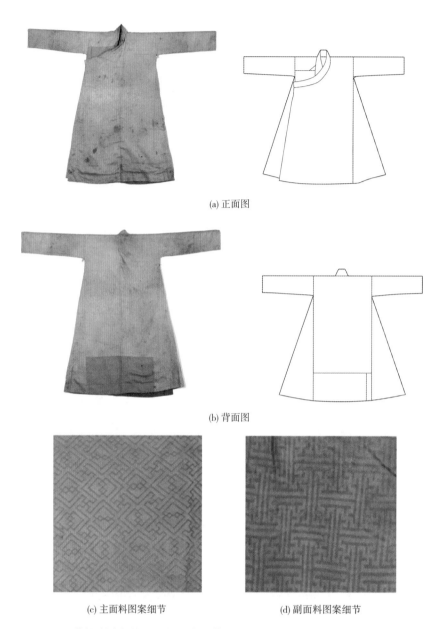

(a) 正面图

(b) 背面图

(c) 主面料图案细节   (d) 副面料图案细节

图4-1　黄缎喇嘛长袍及面料图案细节图（北京服装学院民族服饰博物馆藏）

图4-2　哲蚌寺喇嘛辩经

了主流的藏传佛教一样，佛教从印度传入西藏，为适应西藏本土的条件（气候、生活方式等），喇嘛长袍服饰实现了本土化，最重要的就是在结构上并没有印度化，而是融入了华夏一统的结构文脉（图4-3）。

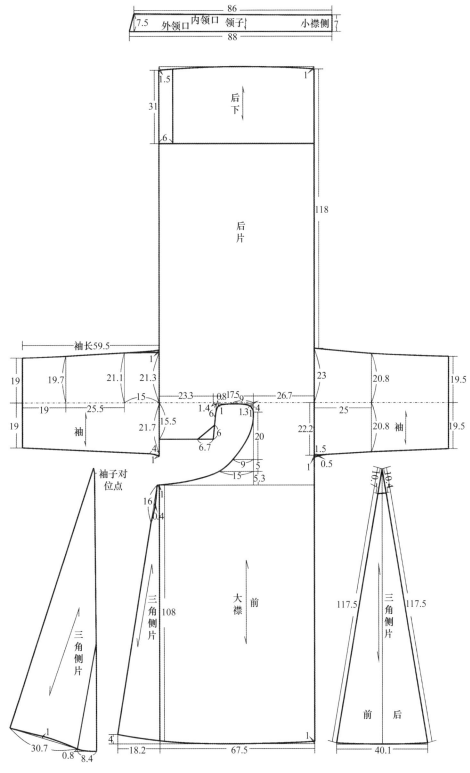

图4-3　黄缎喇嘛长袍主结构图

从里襟结构的测量与复原来看，标本与中华传统服饰结构同样体现出了"敬物尚俭"的普世价值，这种意识表现在里襟下端的两处拼接和侧片插角部分的拼接，尤其表现在相对隐蔽的部位（图4-4）。同时，里襟和后身补缀部分副面料（参见图4-1）。这种以节俭为原则的"明整暗碎"的朴素美德与汉文化"表尊里卑"的儒教伦理不谋而合（图4-5）。

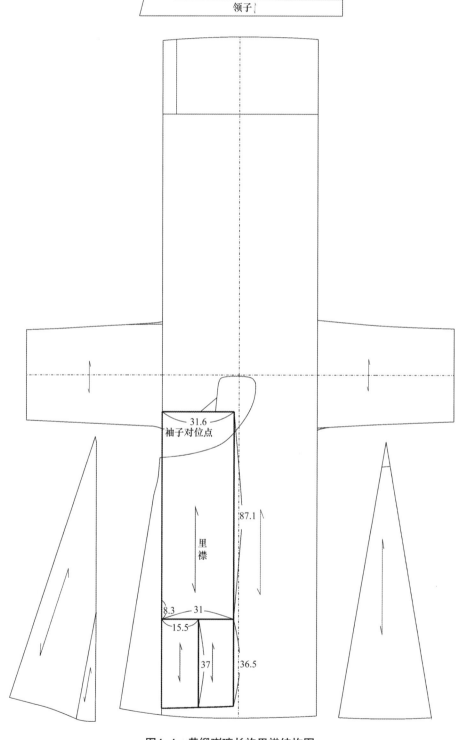

图4-4　黄缎喇嘛长袍里襟结构图

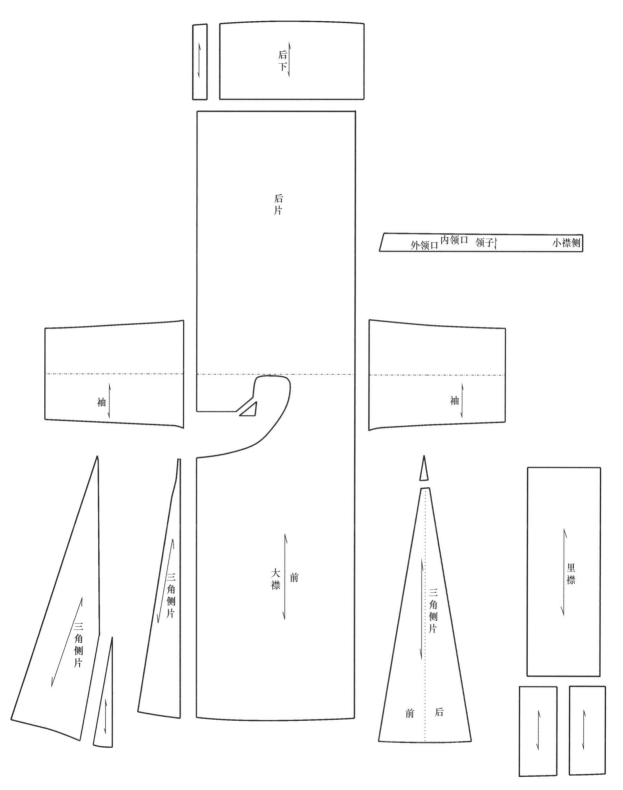

图4-5　黄缎喇嘛长袍主结构分解图

标本的衬里结构与面料结构在裁剪方式上是一致的。主结构包括衣身前后片、三角侧片、袖子和领子，但分割部位有差异，这是面料与里料幅宽不一致的结果。面料幅宽为67.5cm，里料幅宽为70.5cm，加上里料拥有状况和节俭的用料考虑，拼接情况与面料完全不同（图4-6～图4-8）。

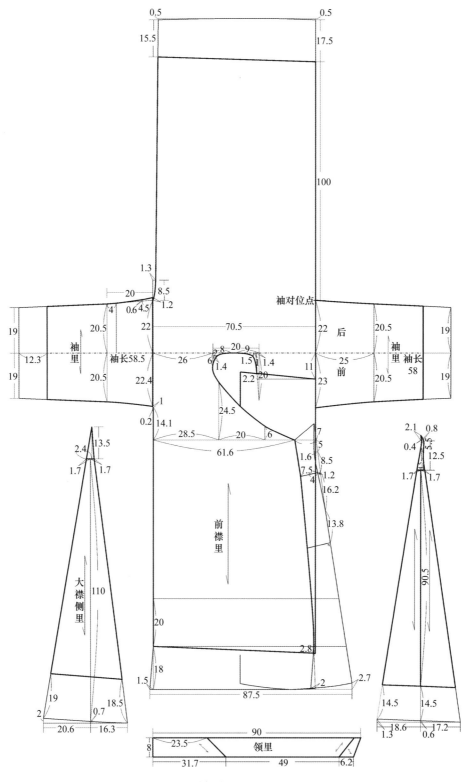

图4-6　黄缎喇嘛长袍衬里结构图

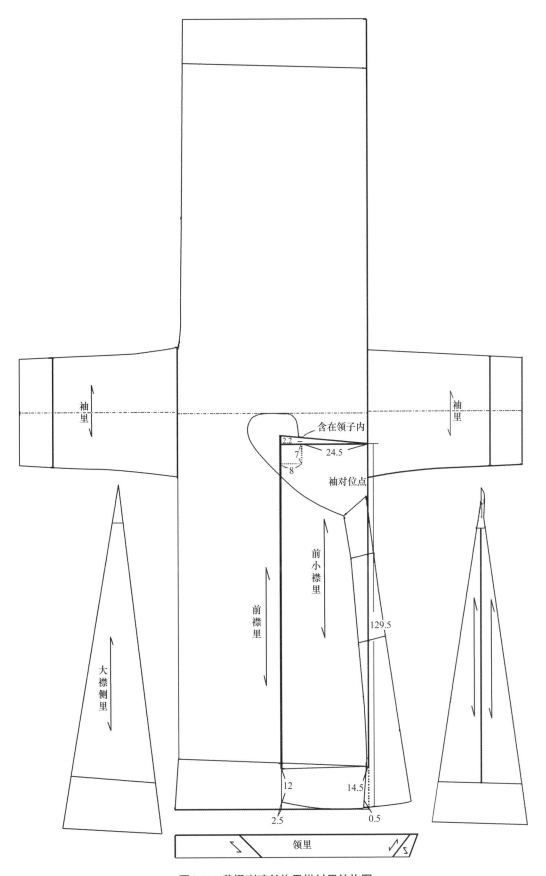

含在领子内

2.2
7
8
24.5

袖对位点

袖里

袖里

前小襟里

前襟里

大襟侧里

129.5

12
14.5

2.5
0.5

领里

图4-7 黄缎喇嘛长袍里襟衬里结构图

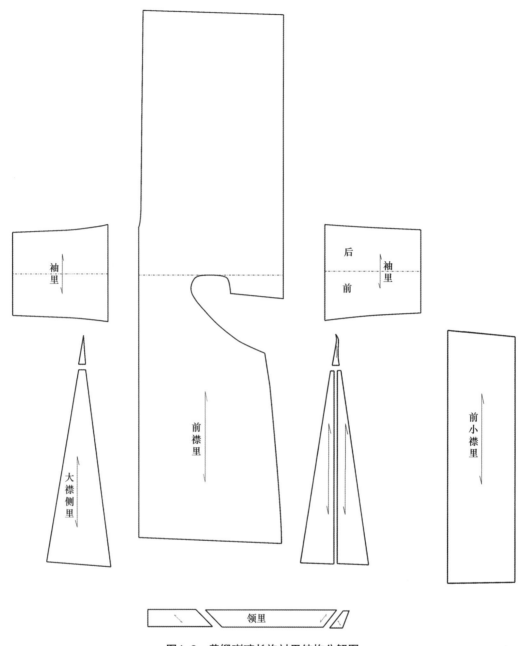

图4-8　黄缎喇嘛长袍衬里结构分解图

　　标本内贴边用另布蓝色提花绸缎，结构细碎、零散，显然利用的是边角余料，在满足功能的同时尽一切可能地实现节俭。这么多的拼接虽然可以极大提高面料的使用率，但无形中增加了服装制作工艺的难度和工时。若不是为了节约面料，大可不必在贴边上如此伤神费心，这使我们更深刻地领略到喇嘛长袍因对佛的虔诚所传达出的节俭意识，最合乎情理的就是对物、对神的敬畏，对物敬畏的表现就是保持完整和善用它们。因为，在一个完全自然经济的社会和历史时期，造物不易，会普遍被认为是神赐，对物的敬畏通过宗教的力量得到仪式化，这是中华传统服饰结构形态诠释"天人合一"精神内涵的生动表现。因此，我们看到藏族宗教服饰结构以节省面料为先，为此不惜牺牲"美观"，以对"造物"敬畏的节俭形式赋予了崇高的力量（图4-9）。

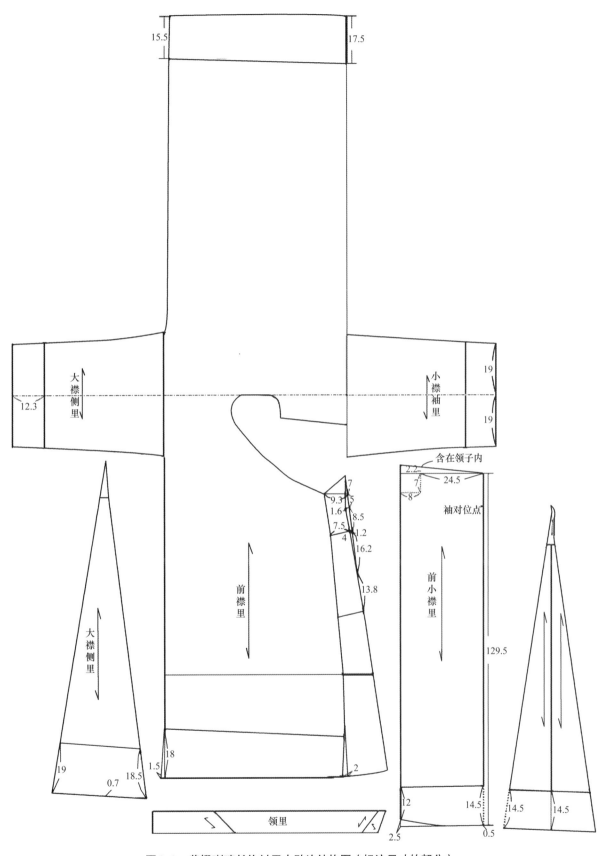

图4-9　黄缎喇嘛长袍衬里内贴边结构图（标注尺寸的部分）

二、紫红坎肩长袍结构研究

紫红坎肩长袍是与黄锻喇嘛长袍组合穿在外面的宗教服饰，保存较好。形制上是典型"求巴普美"改良前的无袖藏袍，结构特征与传统藏族袍服一脉相承，体现出自己的鲜明特色。不对称的袖窿设有肩线的立体结构处理，整裁整用的面料经营和拼接缝缀的节俭美学强化着我们对充满宗教文化的藏袍结构的认识和理解。

（一）紫红坎肩长袍的形制特征

紫红坎肩长袍面料保存完好，为紫红色提花绸，图案丰富，印有菱形纹、法轮、"卍"符等宗教纹样，与凤凰、祥云的吉祥图案相结合，成为藏袍教俗一体的经典范式，其中右旋"卍"符有雍仲本教色彩。长袍款式为交领右衽大襟，盘扣1粒，无袖，有衬里。整体造型上，肩部、上身较为合体，下摆宽大，两肩长度及袖窿形状不对称（与藏民一边脱袖的穿着习惯有关），衣长至膝盖以下。结构上前后连裁无中缝，用料相对完整，最具特色的是肩部施省使其合体，左右均有三角侧片且前后分裁。里襟前中处有两条明显的两种辅面料相拼接，里襟仅三角侧片由数片拼接而成，可见标本对面料使用精打细算的程度。衬里为蓝色棉布，其分割缝缀相对于面料有过之而无不及，在衬里大襟边缘有宽7cm的内贴边。由于分割缝缀都在较隐蔽的位置，标本外观整体性强，加之丝绸面料质地细腻，手工缝制较为仔细、工整，实物整体质量感很强。"在色彩上，普通僧人一般为绛红色，活佛、喇嘛可用黄色，一般僧装还是以棉和氆氇为主，高级氆氇、丝绸及少量动物皮毛限于活佛和喇嘛或寺院的管理层"[1]。从该套标本的黄锻喇嘛长袍和紫红坎肩长袍的色彩、用料及做工综合推测，拥有者应为有一定级别的喇嘛（图4-10）。作为宗教服饰的紫红坎肩长袍与作为民间的蓝菊花绸无袖长袍（参见图3-31）相比，它们虽然同属坎肩式长袍，但在结构上完全不同，紫红坎肩长袍保持了较纯粹的藏袍结构，即前后无破缝、无省，为整布幅挖袖窿和三角侧摆的"十字型平面结构"；而蓝菊花绸无袖长袍则采用了完全立体的改良旗袍结构，说明有宗教意味的藏袍虽然在形式上有教俗合一的倾向，但对传统的坚守既是需求又是愿望，承续藏袍祖制结构形制便是底线。

（二）从紫红坎肩长袍结构测绘与复原看整裁整用与分割缝缀的人文思想

1. 结构测绘与复原

紫红坎肩长袍为藏袍典型的"三开身十字型平面结构"。主结构包括衣身、三角侧片和领子3

---

❶ 李玉琴，《藏族服饰文化研究》[M].北京：人民出版社，2010年版，192页。

(a) 正面图

(b) 背面图

(c) 面料图案细节

图4-10　紫红坎肩长袍及面料图案细节图（北京服装学院民族服饰博物馆藏）

个部分。衣身为前后片相连的一整块布幅，幅宽约51cm，前后片用料比较完整，在前领襟位置有拼接。肩部采用连裁，但通过肩省处理产生肩斜度（具有现代结构意识的巧妙处理），由于领口的不对称处理，左右肩宽亦不相同，左肩宽5.5cm，右肩宽7.1cm，这种不对称现象在藏袍结构中被大量使用，这也是与汉袍区分的重要标志。值得研究的是，依据生理学、美学和结构原理，有的时候对称处理是必需的，而该标本结构几乎没有一处是对称的，而且这种形制在藏袍中极为普遍而成为重要的结构特征。例如两侧拼接较多的三角侧片不仅形状有差异，尺寸、拼接位置也不相同，有随机而为的感觉，但下摆围度达到95cm以上作为腿部活动量是达标的。领面整体造型呈不规则梯形，仅其领面就由4种面料拼接而成（图4-11）。

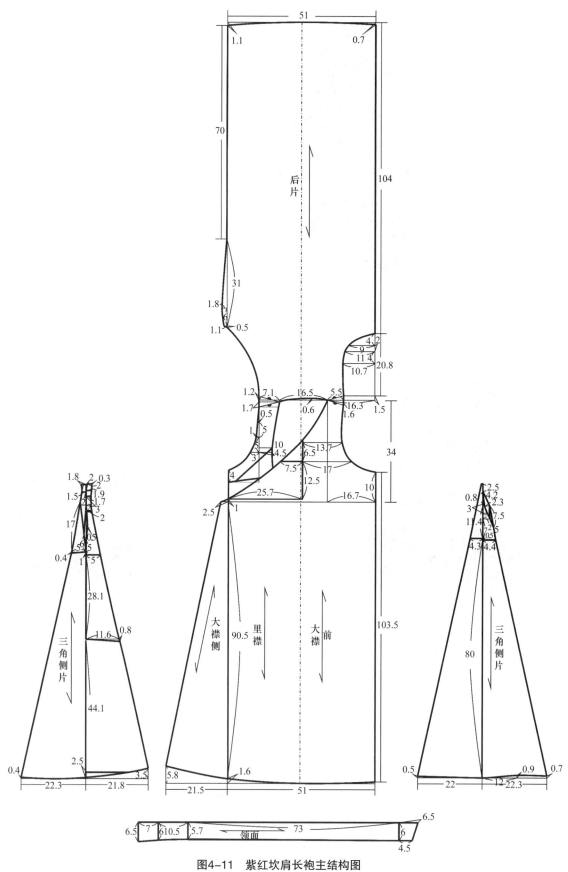

图4-11 紫红坎肩长袍主结构图

在藏袍结构中，里襟作为一个隐蔽的结构，往往是拼接缝缀的最佳区域，也是拼接缝缀出现最多的地方，此件藏品也不例外，较为突出的是加入了非主面料的拼接，用料比较琐碎。结合该藏品其他部位的拼接，我们可以断定是因面料不足导致。以其他布头作补充在僧侣服中很普遍，这进一步反映出了藏族先民强烈的节约意识（图4-12、图4-13）。

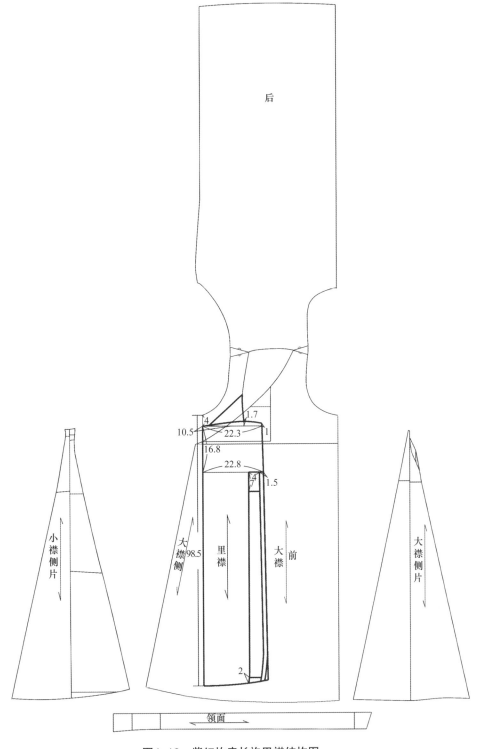

图4-12　紫红坎肩长袍里襟结构图

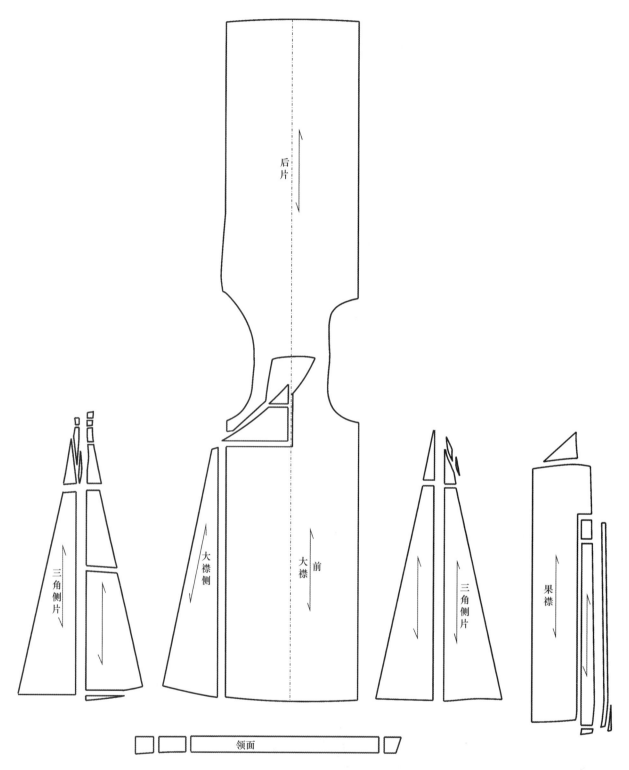

图4-13 紫红坎肩长袍主结构分解图

标本衬里结构在肩部断开与主结构肩部连裁施省不同。整体分为大襟、里襟和后片3部分，同样运用整个布幅加拼接缝缀的手法（图4-14、图4-15）。

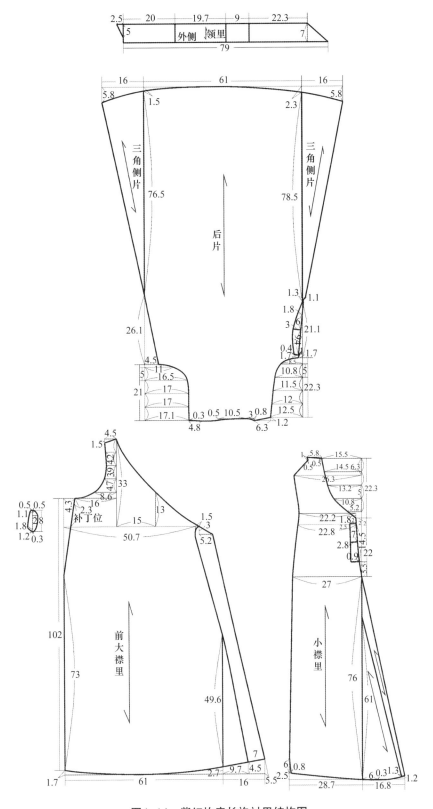

图4-14 紫红坎肩长袍衬里结构图

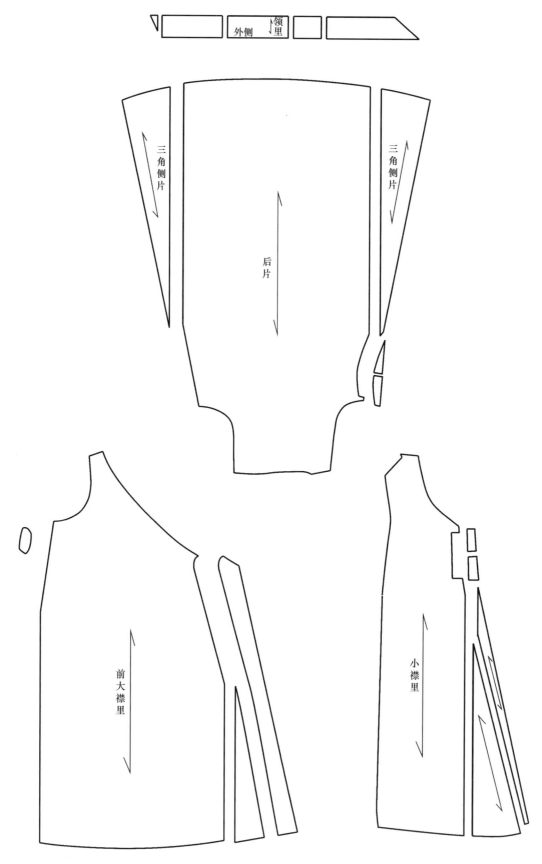

图4-15　紫红坎肩长袍衬里结构分解图

2. 肩省——立体结构的整裁整用

紫红坎肩长袍形制上无袖，给肩部的立体处理提供了机会，这与一般藏袍不同，采用了独特的连裁施省的方法（普通藏袍结构只连裁不施省）。经过观察该标本主结构复原图肩部缝合状况发现，肩线的前后片是连接在一起的，这表明前后片在肩部裁剪时并没有分割，肩部看似接缝处是施省的结果。可见，紫红坎肩长袍主结构为前后片相连的一整块布料，肩部没有破缝，是使用了肩斜省使肩部达到服帖的效果。经测量，我们得到了肩斜省量的基本数据，即：左肩（大襟侧）前斜1.6cm，后斜1.5cm，右肩前斜1.7cm，后斜1.2cm。左肩斜省总和为3.1cm，右肩斜省总和为2.9cm。虽然衣服在平面状态下左右肩是不对称的，从左右肩斜的效果上看，坎肩在人体穿着时是基本平衡的。坎肩在肩部收省的前后差异与不规则的"立体结构整裁整用"，显然与现代纸样设计中收省的规律性形成了鲜明对比，引发了对其缘由的思考。这是一种根据经验形成的使肩部服帖的处理方法，尚未形成对省的独立认识，是为服装整体的适应性作出的一种探索，是藏族服饰结构中立体结构的萌动，但它并没有以牺牲面料整裁整用为代价，表现出藏传佛教对物质的敬畏甚至超越汉文化传统服饰"十字型平面结构"对"省"的关注（传统汉袍结构没有施省的历史参见表2-2）。

3. 不规则拼接缝缀的节俭美学

紫红坎肩长袍无袖使整体面积大大缩小，且结构线变得更加暴露，尽管如此，标本无论在衬里还是在面料上，不规则的拼接缝缀比比皆是，面料的尽善尽用令人叹为观止。从主结构来看，非常规的是大襟的两处拼接，后片的不规则造型及不对称的袖窿深和袖窿形状。衣身前后片在肩部相连，采用了一整块布幅，这种结构是藏袍的典型特征。在裁剪和缝制上力求节约将大襟裁开剪出在领口里襟重叠的三角形状，主结构便成形，但大襟开门处的两块拼接让我们怀疑面料是有所缺失的，否则不需大费周章地拼接，如此一来，在用料、裁剪、工艺方面都会增加难度，且不具备美观性。里襟前中也进行了两处其他面料的拼接，前后片包括袖窿在内的不规则形状在面料有缺失的前提下便成为一种可能。当进行三角侧片的结构研究时，这种推测得到了进一步的印证。两侧三角侧片竟然由大小12块面料拼接缝缀而成，仅腋下20cm的距离内有4块面料进行拼接，这些拼接面料形状极不规则，俨然构成了一幅迷宫式的图案。可见，制作标本的面料是一块长度有限，幅宽也已经受到破坏的不完整面料，或者是一块仅存的布头。将拼接缝缀尽可能放在腋下等隐蔽部位，唯有与大襟相连的三角侧片是完整的，使主体结构尽可能完整，体现出了藏族先民"表尊里卑"的朴素美学，爱物惜物淋漓尽致的表现并不是以牺牲"美"为代价。在物质资源相对匮乏的藏区，节俭、备物致用的思想如血液般流淌在藏族人民的身体里，这件几乎是拼接出来的坎肩藏袍所诠释的"节俭美学"，如果不通过其结构图的系统研究，无论如何也不能总结出甚至是原始宗教也充满着人文精神的一种普世美德和智慧。

三、敞袖跳神大袍结构研究

敞袖跳神大袍是藏传佛教僧侣专司宗教仪式的法舞服饰，包括法会、礼佛、藏戏等。事实上，它继承了藏族原始宗教本教的衣钵，虽然各藏区跳神大袍有所差异，但敞袖阔摆的基本形态不变，且充满中华文化交融的痕迹。在袍服上不仅运用大量的吉祥纹样，在形制上也延续着上衣下裳的汉制："敞袖"是由宋明"袍服"而来，后来成为汉戏官袍的程式，这与跳神大袍不谋而合；跳神大袍下裳的侧腰打褶则源于蒙袍传统的形制。这或许是利用广纳文明语言来强化弘法和表达对佛祖的虔诚，各种"智慧"拼接缝缀的结构面貌，表示无所不在的共同的诵经、祈祷，可能是最合乎逻辑的解释（图4-16）。

(a) 塔尔寺法会

(b) 跳神大袍

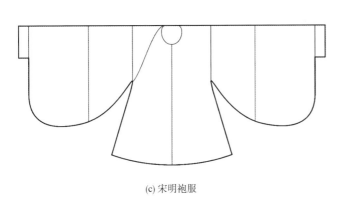
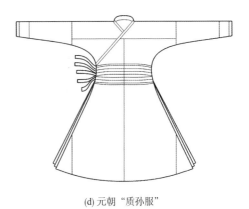

(c) 宋明袍服　　　　　　　　　(d) 元朝"质孙服"

图4-16 藏"法舞"敞袖跳神大袍的中华文脉
[图（a）、图（b）图片来源：《中国藏族服饰》]

（一）敞袖跳神大袍的形制特征

北京服装学院民族服饰博物馆馆藏的典型敞袖跳神大袍标本，收集于青海，为清末传世品，主要用于佛事盛会等宗教仪式场合。其形制左右对称，织锦拼接繁多，整体华丽庄重，结构上采用了平面与立体相结合的方法，从多方面展现了藏传佛教对佛祖的虔诚和作为符咒驱逐邪祟的功能，对研究藏族宗教服饰，获得有效信息提供了重要线索。

标本采用12种不同图案的织锦缎面料拼接而成，图案以花卉缠枝纹为主，选取的面料色彩亮丽，整体色调为橘红色，另加靛蓝作为重色搭配，衬里为深蓝色帆布。款式为无领对襟，前中领口和腰部以上部分采用留空隙造型，大敞袖，腋下开口，以皮条与衣身连接，下摆采用侧腰收褶、侧摆自然张开，这种独特形制源于明代"侧耳"官袍和曳撒（后在京剧坐袍袭用）。裁剪上，衣身与袖分裁，肩线无断缝，前后片一个布幅，不足部分通过侧片增加。侧片呈矩形，在腋下打重褶固定，向下自由散开，衣身整体造型呈A形。此件敞袖跳神大袍外观华丽，造型挺括硬朗，形制规范，做工细致，是一件难得的藏族宗教服装标本（图4-17）。

（二）敞袖跳神大袍结构测绘与复原

标本主要是通过不同面料拼接缝缀的方式制作而成。就结构而言，它的"仪式"意义大于实际意义，虽然每个拼接的布片图案没有确切的教义内涵，但多种元素的采用既是"节俭"的需要又是"万物皆灵"的精神寄托。因此标本结构采用类似邦典式的色彩排列是有深刻的宗教意义的，但"十字型平面结构"的中华传统并没有改变。通过标本测绘与复原，这个结论或许变得更加真实可靠。

标本主结构为高度对称形式，这在藏袍中是不多见的。其前开襟为敞襟，前后片相连，前后腰线和左右接袖缝之间是一块整幅面料，在裁剪上，从前中开襟贯穿三角形领口的形状，因为是同一块面料，前中因留出缝份是有所缺失的，自然形成留空隙造型。除此之外采用了相对规整的拼接手法，与之前藏袍标本的区别在于，其出发点不是单纯地为了节省面料，而是通过多种元素拼接缝缀实现

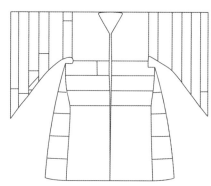

(a) 正面图

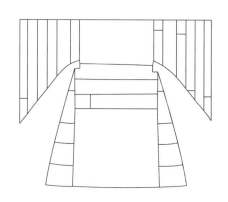

(b) 背面图

图4-17　敞袖跳神大袍（北京服装学院民族服饰博物馆藏）

"万物皆灵"的精神寄托，其宗教意义大于实用意义。除去中间的方形织锦布片，前后片分别由4块不同面料拼接而成。向下拼接的3块面料宽度均为11cm，最后一块拼接面料宽度为54.8cm。从整体结构来看，集中拼接的部分在整件衣服偏上部位，而上方和下方衣摆保持面料的完整性，有将视觉向上方牵引的感觉。左右敞袖结构，从接袖线开始到袖口呈逐渐变大的趋势，两项尺寸差在一倍以上，拼接左右各6片，基本是由宽到窄左右对称分布，拼接的比例搭配达到"多而不乱"的效果。标本总共用了12种不同的织锦缎面料，衣身和袖子进行了32处拼接，而且不包括布幅或面料不足时进行的同面料拼接。在那个纯手工的造物年代，要保持如此规整的形制，对面料搭配的用心及工艺制作的复杂程度显而易见。这和全民信教的宗教社会有关。参加重大宗教活动穿着的服装对于僧侣和信众来说，它不仅仅是衣服的概念，更代表着他们对宗教的膜拜，对佛祖的虔诚。无论是僧侣还是信众，佛事是他们生活中的重要组成部分。标本的另一大特色是侧片的缩褶立体造型。添加侧片是藏袍结构的特色之一，根据衣身围度、摆度及活动量的需要确定其侧片的大小，侧片通常采用长方形的平面结构，通过上端打褶产生立体造型，整个侧片展开时是由4种锦料拼接起来呈现矩形，将其在袖下连接的一端做成4个完全重叠的活褶，贴近前后片的侧缝边缘，并完全夹在前后片之间加以缝合。因为褶是散开的，并且只在缝合处进行固定，所以侧片形成了从上至下逐步增大的效果，整体呈A字形，搭配大敞袖的形制，整件敞袖跳神大袍端庄、典雅、大气，与宗教场合、佛事集会的盛大场面相呼应（图4-18、图4-19）。

在原始宗教看来，任何"事象"的产生，最根本的力量一定不是看到世象的视觉感受，而是他们相信想象中"意象"的功利作用。格罗塞认为，原始装饰艺术首先是它的宗教意义，氏族的标志纹章符号（如区分不同的地位和阶段、不同的族群等），而悦目的形式只是实际而重要的生存需要中的一个次生品，只是后来装饰的实用功能渐渐失去了原本的意义而愈加发挥着美化生活的功用❶。侧片的缩褶立体造型会因人体（礼佛仪式的动作）需要而发生改变（后来发展到无腰褶跳神大袍）。宗教用大袖衣用于驱邪场合、佛事集会，在这些场合最重要的活动是打坐诵经、礼佛、法舞，当穿着者打坐需要更多的宽松量时，侧片的缩褶便能够自由伸展满足这一需求，当行走时侧片便回复到本来的造型，法舞时又提供了很大的舞步空间。总之，无论是哪种状态，都能使穿着者保持良好、端庄的仪态，对于虔诚的僧侣而言，这不仅是仪态的问题，更代表着他们对佛祖的膜拜。这中间是否有更深层的承载着宗教文脉的历史信息？因为从敞袖跳神大袍的"十字型平面结构"很容易联想到藏本教的"十字花"图腾，当然这需要系统的考证（图4-20）。

黄缎喇嘛长袍、紫红坎肩长袍以及敞袖跳神大袍是藏族清末宗教用服装的代表，其中喇嘛常服与藏袍在结构上没有差异，且与中华固有服饰"十字型平面结构"保持一脉相承的华夏基因，其宗教色彩主要在面料色彩和图案上得到体现。敞袖跳神大袍是佛事集会时所用，华丽又不失庄重，体现了对宗教的崇拜与虔诚。宗教服饰除能满足保护身体、御寒等基本的生存需要外，更强调它作为信仰文化载体的功能，它直接继承了佛教的内在精神，强调佛祖的意志，传达了佛教的理念，它大胆地依循藏族的衣着方式和生活特点，将藏族文化与佛教意识形态有机结合，使藏传佛教僧侣服饰的内在精神与外在形式完美地结合在一起。汉族和藏族文化并没有因为高寒的大山、高原这些极端的地质条件而阻隔，大中华服饰的"十字型平面结构"的共同基因不仅让我们认识了文脉的认同，藏族宗教服装结构更让我们认识了汉传佛教和藏传佛教共生的中华文化在多元性和包容性中隐藏着一个像汉字一样的"结构基因"。

---

❶ ［德］格罗塞著，蔡慕晖译.《艺术的起源》［M］.商务印书馆，1987年版，第77～83页。

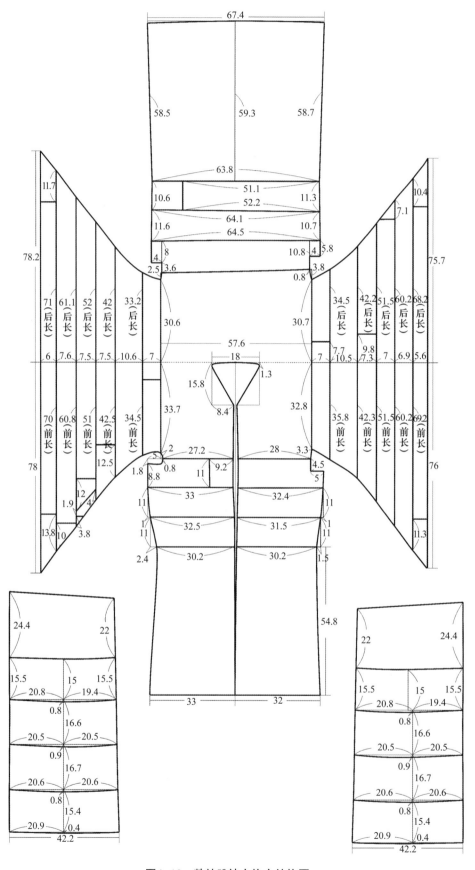

图4-18　敞袖跳神大袍主结构图

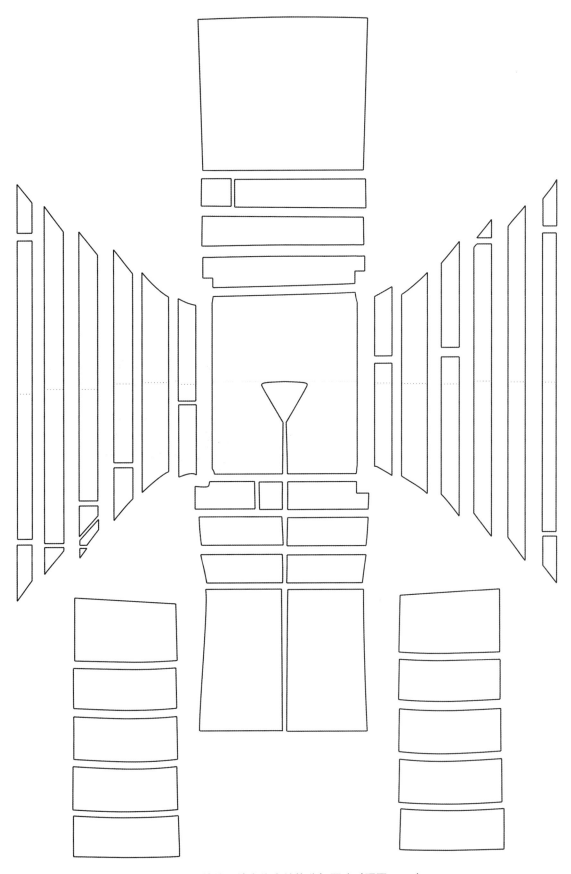

图4-19　敞袖跳神大袍主结构分解图（对照图4-18）

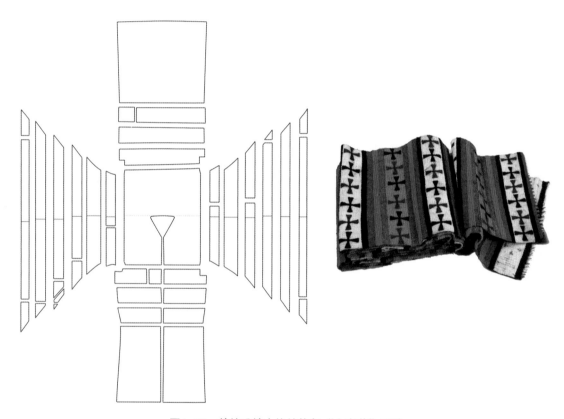

图4-20　敞袖跳神大袍结构与"十字花"图腾

第五章
康巴藏袍结构与纹饰系统

金丝缎豹皮饰边藏袍、氆氇虎皮饰边藏袍和织金锦水獭皮饰边藏袍为三种标志性兽皮饰边藏袍，均为北京服装学院民族服饰博物馆馆藏藏族服饰代表性作品，征集于四川省甘孜藏族自治州石渠县，根据对样本质地、做工、装饰风格等因素的分析，金丝缎豹皮饰边藏袍、氆氇虎皮饰边男袍为20世纪初甘孜地区典型的男子服饰，织金锦水獭皮饰边女袍为20世纪70年代中期甘孜地区典型的女子服饰。四川省甘孜藏族自治州是历史上早期民族频繁迁徙的走廊腹地，它是内地通往西藏的交通枢纽，自古以来就是藏族和汉族贸易的集散地和"茶马互市"的中心。在长期的历史发展过程中，多元文化和地域特征的交织，使此地的文化风物底蕴深厚，源远流长，孕育了康巴服饰内涵丰富、外观绚丽的特质。然而横断山脉的特殊地貌使得甘孜藏族服饰形成了不同于西藏地区独具地域特色的康巴服饰体系。康巴服饰根据生产生活方式分为农区服饰和牧区服饰，但是不同的地区受各自相邻其他民族文化的影响，农牧区服饰也因地而异。甘孜康巴农区服饰又分为康北农区服饰、康南农区服饰、康东木雅和嘉绒农区服饰，而泸定一带的农区服饰自成特点。石渠县地处甘孜藏族自治州西北角的四川省、青海省、西藏自治区结合地带，是一个纯牧业地区，区内自然条件虽与青藏高原相似，但与绝大部分已经农业化的西藏腹地藏族服饰相比，康巴石渠藏族服饰还保持着典型的牧民服饰特征，可以说它是古老藏族服饰的"活化石"，本书研究的金丝缎豹皮饰边藏袍、氆氇虎皮饰边藏袍和织金锦水獭皮饰边藏袍便是康巴牧区最具典型的藏袍标本（图5-1）。

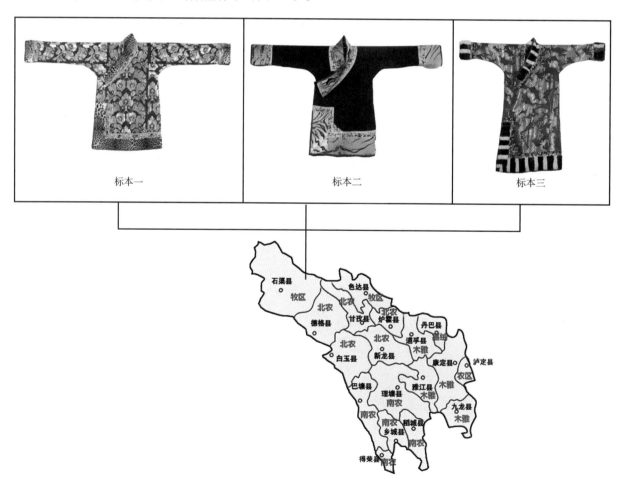

图5-1　四川省甘孜藏族自治州康巴服饰类型分布与石渠牧区兽皮饰边藏袍的面貌

一、藏袍多功能形制的物竞天择

（一）超长的袖子方便穿脱与调节温度

康巴地区的藏民喜欢穿长袍，牧区的日照充足，气温多变，生活在这些地区的藏民要选择便于起居、行旅的服装形制，牧区藏袍就集中地表现了这种特点。它的结构肥大、袍袖宽敞，臂膀伸缩自如，白天阳光充足气温上升，便可以很方便地伸出臂膀调节体温，久而久之，脱下衣袖的装束就形成了藏族服饰习惯特有的风格。从该氆氇藏袍标本数据采集中得到证实，袖长（平展时两袖口间的距离）约为247.1cm，而成年男性的臂长（双臂向两侧平伸时两手指尖间距离）一般在170～180cm，可见藏族服饰的袖长远远超出了人体本身的尺寸，这便与他们这种独特的生活方式有关。白天天热可以放下右袖露出右臂，将右袖从后面拉到前面搭在肩上，甚至更热的时候将双袖脱下横扎于腰际，裸其双臂。无论是单袖绕肩还是双袖围腰系扎，都需要足够长的余量。此外，夜晚寒冷的时候，足够长的袖子可以临时搭盖，从而起到保暖御寒的作用。这种超长袖子的形制可以说是藏袍便于劳作、调节体温，充满高原文化的"生态服饰"（图5-2）。

图5-2　石渠藏袍的三种穿着方式（左为双袖围腰、中为单脱袖、右为双穿袖）

（二）藏袍的"行囊"与"铺盖"功能

氆氇藏袍标本的衣长（从肩线垂直向下到底边包括饰边）达到129.2cm，而通常情况下男士外套的长度约为110cm。藏族袍服大于20cm的容量正是基于他们游牧生活的需要。藏族男士一般将袍底提至膝盖，再用腰带扎紧，多余的量就在腰以上形成一个大的行囊，牧民出牧时带的酥油、糌粑之类的食物都可以装在藏袍的行囊中，或在迁徙中充当储物袋，弥补了藏袍没有口袋的缺陷。甚至把一岁左右的孩童直接放在大囊里，就像袋鼠妈妈将宝宝放在囊袋里一样，这或许是藏民从仿生学得

图5-3　藏袍的"行囊"（盛装食物和婴儿）

到的启发。无论如何，藏袍"宽袍大袖"的形制完全不同于汉人的"褒衣博带，盛服至门上谒"[1] "岂必褒衣博带，句襟委章甫哉？"[2] 古代儒生成也宽袍败也宽袍是对尚礼境界的追求。藏民只需要将腰带扎紧，就可以腾出双手去放牧劳作，牧民宽大的藏袍成了孩子最舒适、最安全的摇篮。到了晚上气温下降时，长袍摊开即是一床厚实的铺盖，宽大的衣身结构正是这个功能的有力诠释（图5-3）。

藏袍结构的独特形制，决定了它的一系列附加功能。穿直筒大袍行走时不方便，腰带就成了必不可少的用品，起到调节衣长和行囊大小的作用。束袍腰带又是附着饰品的主要部位，各式各样的腰佩系在腰间上垂在臀部，构成形形色色的尾饰，有原始巫术的意味。男子腰间还会佩带精美的腰刀，为生产和生活提供便利。

牧区藏袍具有很强的保暖性和舒适性，在面料的选用、结构的考究和工艺的运用上体现得淋漓尽致。藏袍的保暖性是容易理解的，但对于"舒适性"的追求通常认为是高度文明社会的行为，在藏袍中用某些形制去解释"舒适性"似乎是不可思议的，然而从氆氇藏袍标本结构形态的研究中却有所发现。

牧区藏袍面料多采用羊毛织成厚重的氆氇面料，可以抵御牧区高寒的自然气候。然而手工氆氇的幅宽很窄，但藏袍又需要做得宽大，这就需要两幅拼成一幅居中，如果布幅足够大，藏袍是绝不会在前后中破缝的。藏袍标本衣身的前后衣片都保证了居中氆氇面料的完整性，从拼接处的布边可以看出用到了氆氇的最大幅宽值，这种"居中化完整结构"在藏袍履行其铺盖功能时大大增加了铺盖的舒适性。布边与布边之间采用手工对接缝制，因为毫无重叠的拼接缝工艺无法依靠机器完成，这样的拼接工艺增加了藏袍铺盖的舒适性，避免搭接缝制产生的厚接缝造成铺盖时的不适感。织金锦藏袍布幅足够大而整幅居中使用，也是基于铺盖的考虑，由此形成藏袍独特的"三开身连袖十字型平面结构"。

无论是藏袍的多功能结构样式，还是基于实用而产生的宽大厚重的形制特征，都受到了地理气

---

[1]《汉书·隽不疑传》载。

[2]《淮南子·汜论训》载。

候和生产生活方式因素的影响，每一个功能元素的背后都有一个"物竞天择适者生存"（达尔文语）漫长的事物发展和进化过程，这些被岁月沉淀下来的永久印记成为藏族人民与自然博弈共荣的勋章。但这并不意味着它缺少人文精神，而恰恰相反，只是这种人文精神充满着藏族文化独特的宗教色彩。

二、金丝缎豹皮饰边藏袍结构研究

藏族男人传统的藏袍，很多有豹子真皮镶边，据说是吐蕃王朝奖赏英勇武士时，赐之以虎豹皮并令其披挂在肩头，沿袭至今形成了一种男人盛装的标志，记录着藏家汉子勇武的民族图腾的古老信息。它与华丽盛装女藏袍一样，成为一种财富的象征（图5-4）。北京服装学院民族服饰博物馆馆藏的这件豹皮金丝缎藏袍采集于四川省甘孜藏族自治州石渠县，形制具有典型性。

图5-4　着豹皮饰边藏袍的藏民

（一）金丝缎豹皮饰边藏袍的形制特征

金丝缎豹皮饰边藏袍款式为交领、右衽大襟，整体肥大，直腰身，下摆略张，衣长比一般藏袍短，袖子宽大而长，领子、大襟边缘、下摆及袖口装饰有大面积豹皮饰边。该藏袍面料质地厚重，色彩炫目。藏蓝的底缎上织满金丝大花图案，饰边精细、厚重，由较大面积的豹皮和红、蓝、黄相间的金丝锻面料拼接而成，其间均镶有硬质金边，将整个贴边固定在红色氆氇面料上，最后整体缝缀在主体袍服上，整件衣服彰显风雅尊贵之气。里料为黄黑色相间的条格毛织面料，质地厚重，能够满足保暖需求。工艺上采用了机缝，可断定其制作于近代。从其质地、制作工艺、装饰风格等方面判断，该件藏袍的拥有者为藏族的中上阶层，其典型的藏袍"十字型平面结构"值得深入研究（图5-5）。

（二）金丝缎豹皮饰边藏袍结构图测绘与复原

从外观上分析该样本的裁剪方法，基本采用直线结构，在隐蔽部位拼接较多，为典型的"连袖三开身十字形平面结构"。按照从主到次、从外至内的测量原则对衣身主结构、里襟结构和贴边结构进行全息数据采集和结构图的复原，这将对兽皮饰边藏袍类型结构的认识有所帮助。

样本主结构包括衣身前后片、袖子和领子三部分。衣身前后片为分别裁剪，在肩部断开，这是

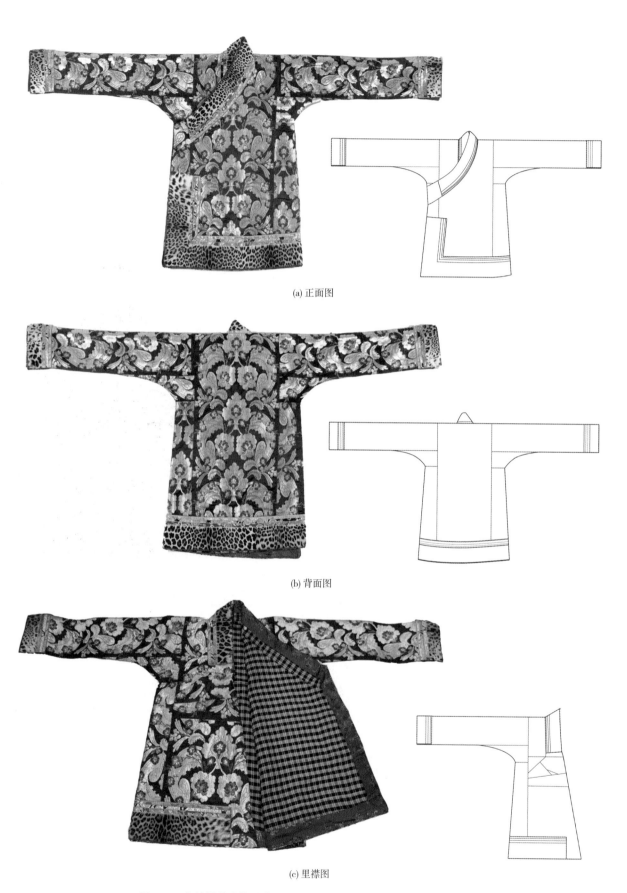

(a) 正面图

(b) 背面图

(c) 里襟图

图5-5　金丝缎豹皮饰边藏袍（北京服装学院民族服饰博物馆藏）

本研究的标本里唯一在"十字型平面结构"中，在肩位拼接的个案，因此不具有普遍性，但也反映了藏族服饰因材施制的灵活性要远大于汉族服饰。但"十字型平面结构"的系统不会改变，藏袍结构的通制不会改变，因此该标本仍是前后中无破缝，以保持前后中所用面料的完整性，即以前后中为中轴线使用一个完整的布幅，然后在其两侧增加侧片来达到所需的围度和摆度。该标本使用的衣身面料幅宽为53cm，袖宽也为53cm，并用横丝，说明袖子用的也是一个布幅，保持面料使用的完整性。接袖袖长105cm，通袖长达到262cm，将藏袍的长袖风格放大到极致（图5-6）。

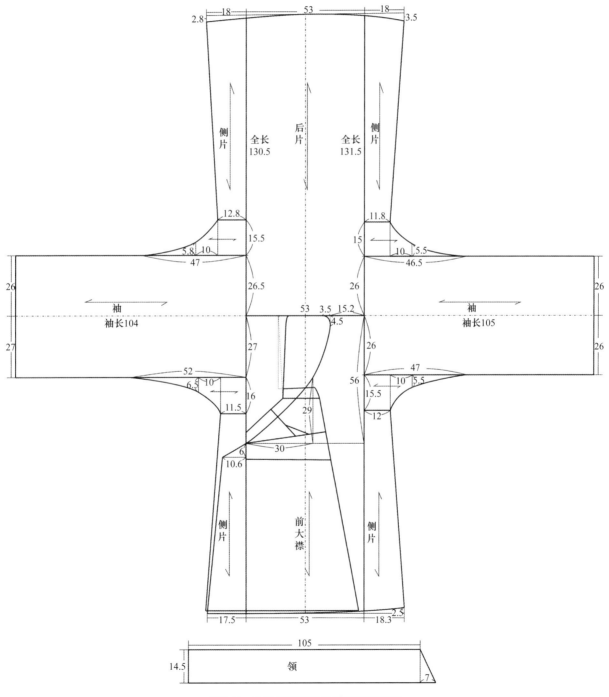

图5-6　金丝缎豹皮饰边藏袍主结构图

　　该标本的结构图复原进一步印证了藏袍的肩线拼接、接袖位置、冠面求整的设计都是由面料状况和幅宽决定的。这是一个因材施治的经典之作。该标本使用的面料幅宽为53cm，接袖位置更加接近人体实际的肩部位置，与其说这是一种主观设计，不如说是一种巧合。在藏袍中，接袖一般采用的是与衣身面料一致的纵向丝道，这主要是为了使衣身与袖子可以无限加长且平面上看又规整，尤其对于面料上有图案的服饰更是如此，这可以看做是平面结构的一种审美取向。该标本的袖子采用的是横向丝道，主要是避免幅宽不能满足袖长而带来的接袖问题，此时袖子由一个矩形结构和两个腋下插角结构组成。这确实有藏袍结构在善用布料与形式之间取得平衡的独到之处，而这种形制在古典华服结构中是绝不会使用的，但在运用"十字型平面结构"上却表现出异曲同工之妙（图5-7）。由于样本面料质地较厚，尽量在看得到的地方规避不必要的拼接，并多使用直线剪裁，保持工艺上的简化和衣身的平整性成为结构设计的主题，传统的审美取向在需要时会让位于合理用料的需求。这种结构形式的选择不仅有利于长袖的保型，而且用料更加经济，加工方便。可见，藏袍的衣身使用整幅面料、袖子另接的结构特色是袖长和布幅共同作用的结果，并在中华"十字型平面结构"的服饰形态下实现的。

　　金丝缎豹皮饰边藏袍虽然外表用料相对完整，但大襟遮盖下的里襟由8片零散面料拼接而成，其丝道方向"杂乱无章"，这是边角余料拼接的结果。这说明藏族人民节俭的朴素意识早已成为不分阶层、不分贫富的普世价值与行动的自觉，"备物致用"的朴素美德如此淋漓尽致的展现，使之成为表现中华民族"表尊里卑"主流意识的一个生动民族范本（图5-8）。

　　饰边从一般意义上讲，起到加固和包覆毛边的作用，这是它的基本功能，也是饰边最初产生的原因。该藏袍标本的饰边除了这个基本功能外，更强调其象征性。它的饰边分布在领子、袖口和大襟及下摆边缘，整个饰边宽度在下摆处为最大值20cm，领子饰边宽度为15cm，袖口饰边宽度为14cm（图5-9）。宽大、连续的豹皮在脱离了最初的表征意义之后成为一种财富的象征，因此它伴随着做工精致的红、蓝、黄相间的金丝锻拼接工艺，使整件藏袍的华丽感更具教俗的文化内涵（纹饰系统后节有专论）。

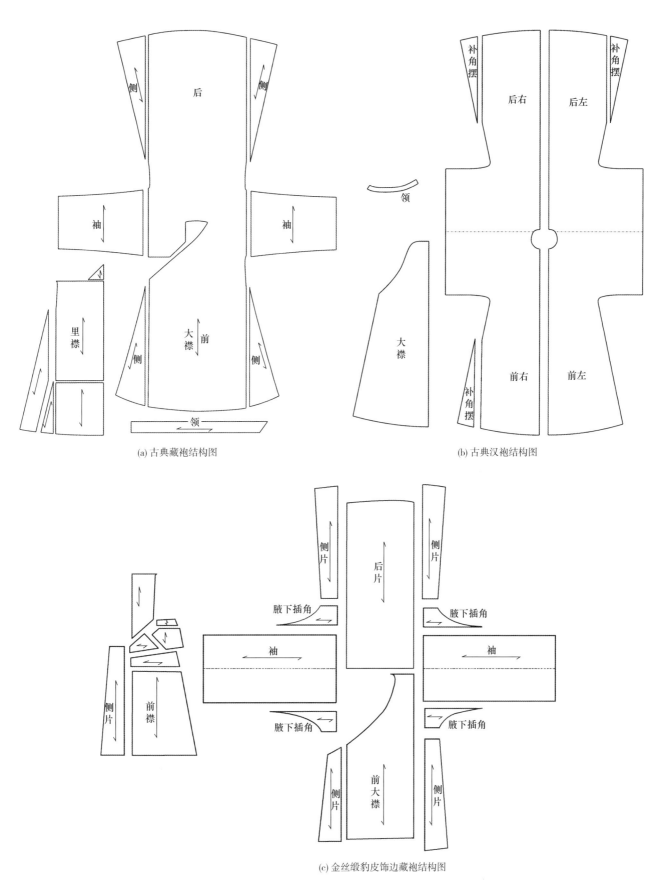

(a) 古典藏袍结构图

(b) 古典汉袍结构图

(c) 金丝缎豹皮饰边藏袍结构图

图5-7　古典藏袍、汉袍与金丝缎豹皮饰边藏袍的"十字型平面结构"比较

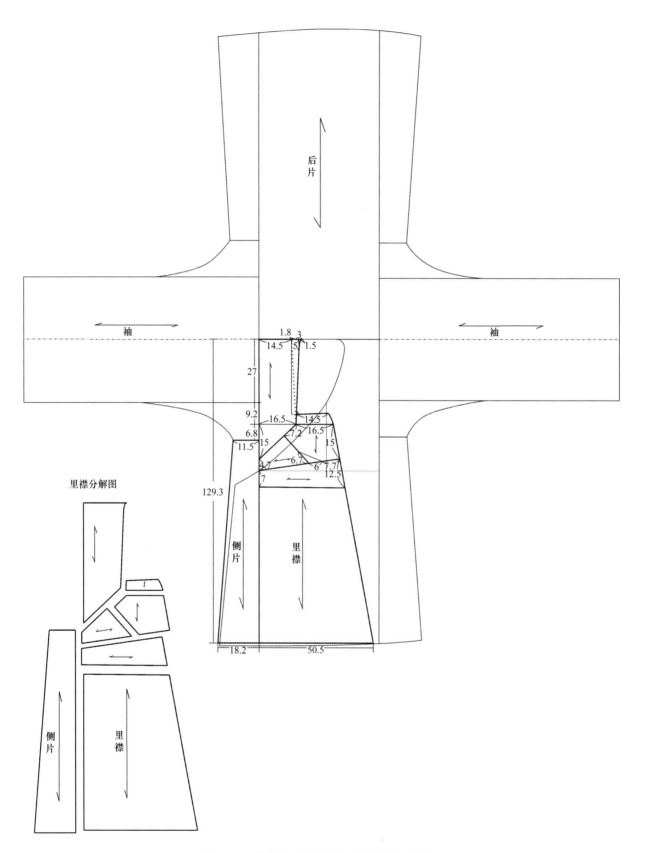

图5-8　金丝缎豹皮饰边藏袍里襟结构和分解图

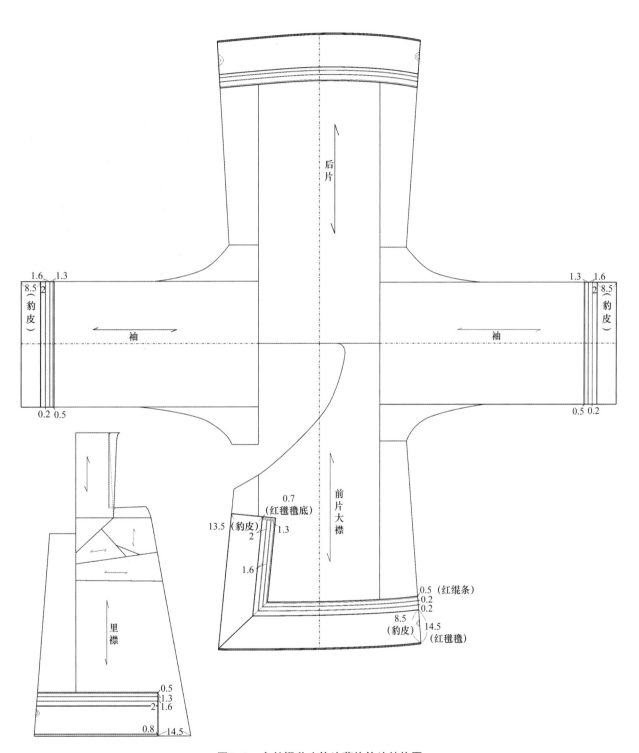

图5-9　金丝缎豹皮饰边藏袍饰边结构图

三、氆氇虎皮饰边藏袍结构研究

氆氇是西藏特有的羊毛织物，不管是在农区还是牧区，随处可见藏民在古老的织机上纺织氆氇，它不是单纯的藏袍用料，还用于制作藏帽、藏靴、毛毯等。藏区不产棉花，盛产羊毛，羊毛是氆氇的主要原料。直到今天，藏区的氆氇大多依然是用传统的方式手工制作，制作方法与汉族传统的民间织机织布方式相似，即先用纺车将羊毛卷纺成均匀的毛线，然后用老式木梭织机编织。氆氇织机是木制的，织好后的氆氇是羊毛原始的本色，幅宽在30cm左右，要再经过漂洗、揉搓和染印，染成所需的颜色。氆氇的门幅很窄，只有普通汉族传统织物幅宽的二分之一左右（图5-10）。相传氆氇机织的历史已有两千多年，《新唐书·吐蕃传》中已有关于褐、素褐和毡韦的明确记载，可见在吐蕃王朝时期氆氇纺织就很普遍。到了元朝，氆氇作为贡品传入内地。而在汉文献中对氆氇较早的记载是在明代，在宋应星的《天工开物》

图5-10 藏族传统木制氆氇织机

中提到"机织、羊种皆彼时归夷传来，故至今织工皆其族类……其氍毹、氆氇等名称，皆华夷各方语所命"。可见宋应星描述的一定是明朝之前的情况。

（一）氆氇幅宽决定藏袍的结构形态

氆氇原料是未经处理的厚重生毛，布边明显，而且缝合时布边之间采用对接方式，因此根据两个布边对接产生的破缝判定氆氇幅宽是可靠的。袖子、前后片和里襟的所有布边破缝之间最大的宽度为28cm，且只要是同为两个布边进行缝合时均采用无重叠对接拼合的方法，而涉及上下层的搭接缝均是非布边缝合。这一方面利用布边拼接使得藏袍的表面更加平整，作为铺盖时更加舒适；另一方面也印证了"布幅决定结构形态"中华传统服装的共同基因，是"敬物精神"还是"节俭意识"值得研究（图5-11~图5-13）。

康巴氆氇虎皮饰边藏袍是典型的"连袖三开身十字型平面结构"，前后中的破缝并不能作为判断该藏袍为四开身的依据，它是由于布幅宽度的限制而不得已产生的断缝，并无结构上的实际意义，应该在判定开身结构时将中间拼接的两幅理解成一整片，袖子上的断缝均属此类，也可以理解为一个整片。故该藏袍仍然是分为衣身片、侧片和袖片的"连袖三开身十字型平面结构"。宽大的斜襟右衽长袍，袖子、侧片为连裁，前后中破缝通过两个布边对接缝合无重叠，增加了整个藏袍的平整性，有效地利用了布边的稳定特性，使手工缝制技艺的发挥更加完美，针迹的设计和整齐精密程度堪比机缝。相比之下，普通面料的藏袍衣身居中的布幅是完整的，这是因为普通织锦面料幅面较宽，可以实

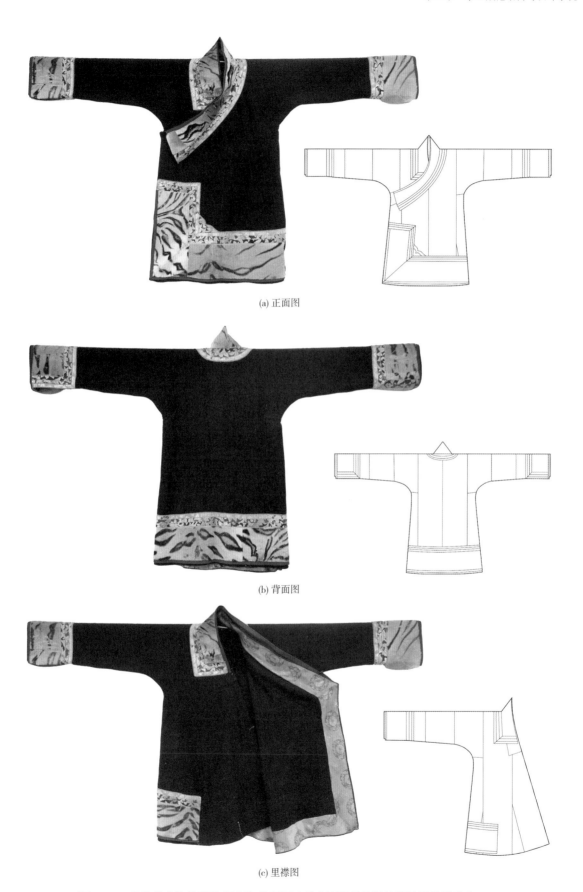

(a) 正面图

(b) 背面图

(c) 里襟图

图5-11　氆氇虎皮饰边藏袍标本和外观图（北京服装学院民族服饰博物馆藏）

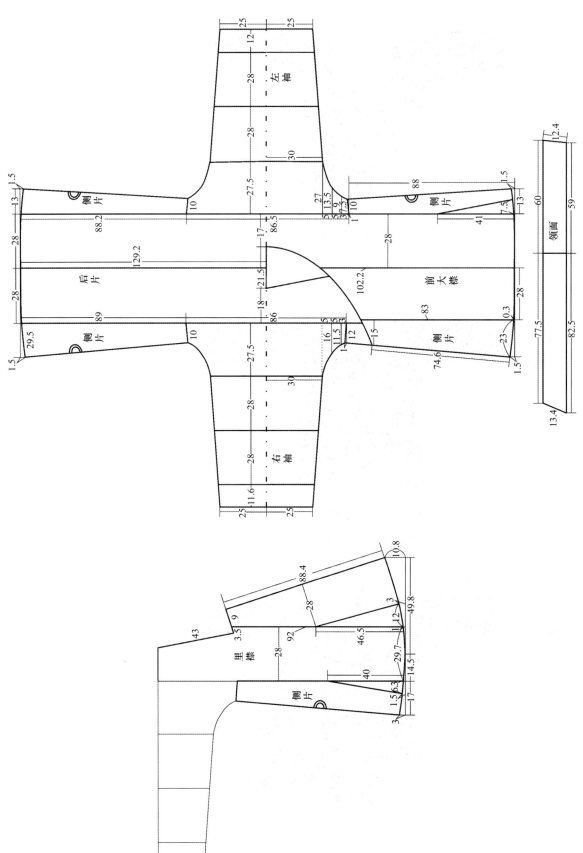

图5-12 镶氆虎皮饰边藏袍主结构和里襟结构测绘与复原图

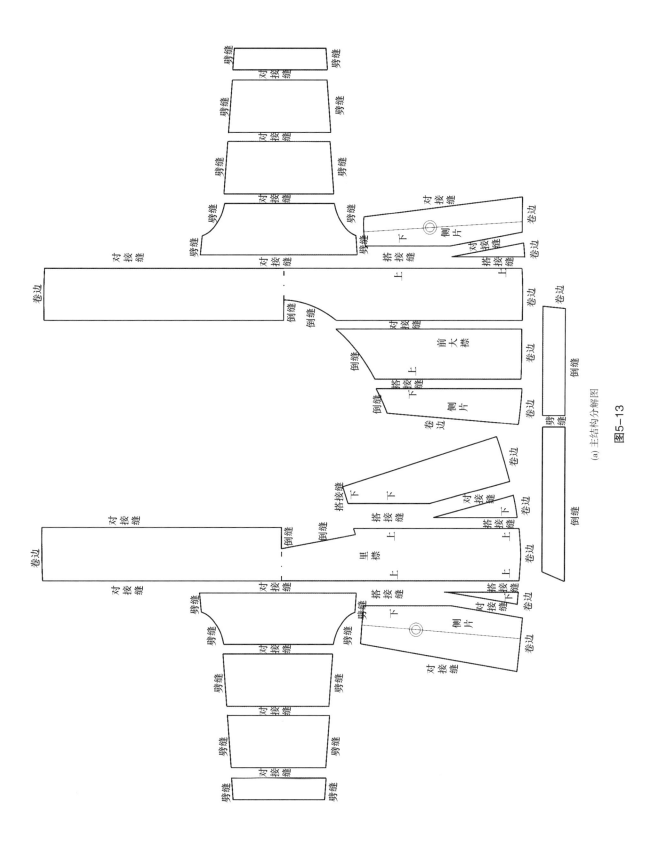

(a) 主结构分解图

图5-13

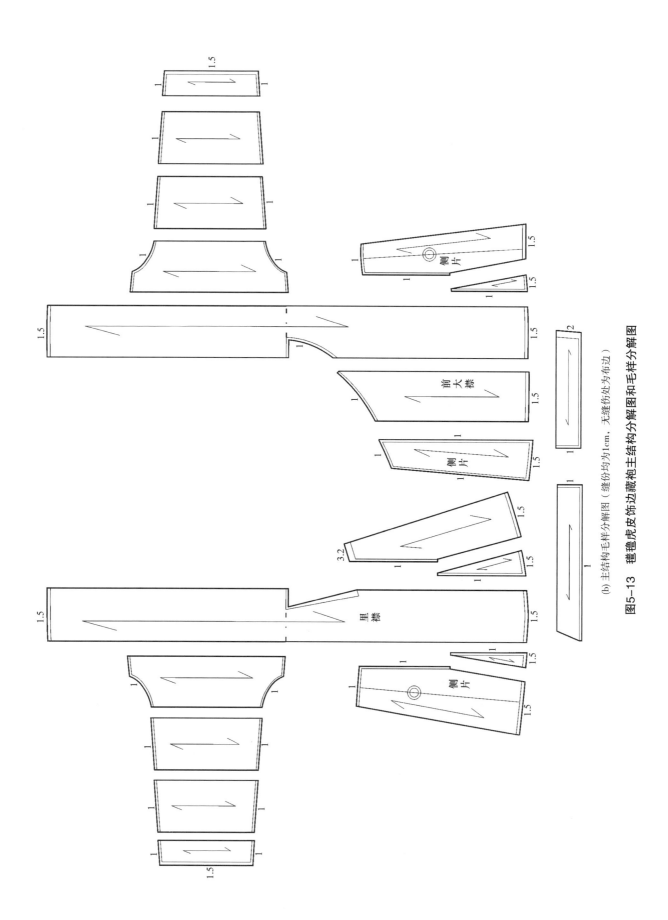

（b）主结构毛样分解图（缝份均为1cm，无缝份处为布边）

图5-13 槽裙虎皮饰边藏袍主结构分解图和毛样分解图

现前后中无破缝且袖子为一整片的理想布局，而成为藏袍典型的"连袖三开身十字型平面结构"，这也可以说是布幅决定藏袍结构形制的基本形态（表5–1）。

　　氆氇制成的藏袍保暖性好，很适合高原地区人们从事农牧业的生产生活。在纺织氆氇时，当地一般选用细羊毛纺织做男装，用粗羊毛纺织做女装。这似乎与男女服饰的特点和男女的社会地位、角色不同有关。优质的氆氇藏袍常作为礼服，男装的饰品少，注重藏袍的质地，而女性的藏袍以华丽的藏式饰品为特点，正因如此，对于女装氆氇藏袍而言，质地似乎显得微不足道。无论怎样，氆氇幅宽决定藏袍的结构形态是不变的。

表 5–1　氆氇藏袍与织锦藏袍的"连袖三开身十字型平面结构"比较

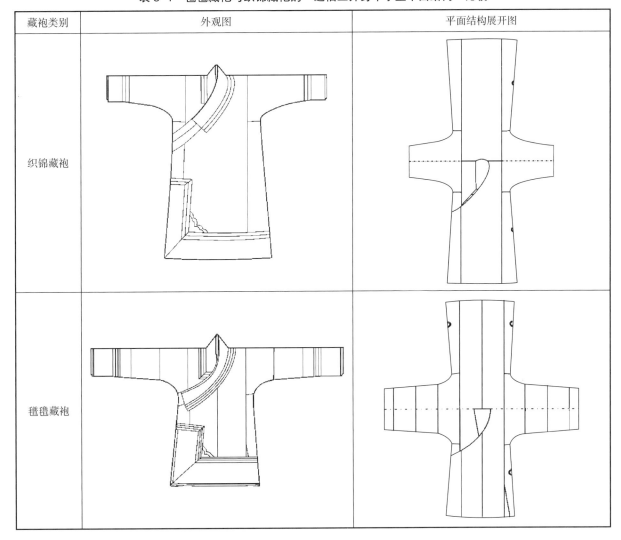

藏袍类别	外观图	平面结构展开图
织锦藏袍		
氆氇藏袍		

（二）从氆氇藏袍结构的测绘与复原看下摆插角结构的节俭美学

　　绛红氆氇镶虎皮饰边藏袍在石渠县的康巴藏袍中具有典型性，对其进行全息的数据采集和结构图复原对于研究藏族袍服形制的文化特质具有重要意义。

在对氆氇藏袍主结构进行测绘和复原的过程中，我们发现在两个侧摆和里襟下摆有3处三角形插片。这种结构形制多出现在面料为氆氇的藏袍中，而选用织金锦面料制成的藏袍结构中则无此现象，所以初步判断藏袍前摆插角的出现与使用氆氇面料有关。氆氇跟其他藏袍面料比较，最大的区别在于它的幅宽很窄，插角的作用是否是为了弥补侧片面料的不足？三个插角同时都增加在下摆位置，或许是为了增加底摆的阔度而在两块面料的拼接处加入的？最有可能的是为了达到节省面料而宁可牺牲藏袍结构的完整性？通过对该氆氇藏袍标本各个衣片结构的数据分析以及裁剪复原，还原插角结构存在的真正意义，诠释因为节俭而激发的智慧，不能不对其所表现出的即使在现代设计看来也不可思议的"尚俭精神"心存敬畏。

1．氆氇幅宽与摆片插角互补

标本大襟左侧的插角位于前片与左侧片的拼接处，从复原的裁片上看是属于侧片的范畴。大襟左侧片为连裁，侧片与后片衣身连接的部位和与前片插角连接的部位平行且同为布边，说明这是一个氆氇幅宽，也适合采用对接缝工艺，所以可以判断大襟左侧片为整幅面料裁剪，此处插角的加入是因为氆氇幅宽的限制，重要的是插角设计巧妙地利用斜裁"摆片插角互补"的方法（参见图5-15）。同样，里襟和右侧片与右片衣身连接的部位和各自插角连接的部位平行且均为布边，也采用了对接缝工艺，所以里襟和右侧片亦为整幅氆氇面料，插角也是由氆氇幅窄所致而采用"摆片插角互补"的巧妙裁剪。结合3处插角和摆片结构宽度实验的考证，最终它们都可以拼成一个氆氇面料的幅宽，复原实验也确凿地证明了这一点。

2．摆片插角互补结构的复原实验

氆氇藏袍标本的面料幅宽是28cm，宽大的藏袍"十字型平面结构"通袖之间整整用了9个幅宽的氆氇面料，唯有下摆出现斜裁而采用插角结构，这种形制在古典女装汉袍中也普遍运用，但多用衣身面料的边角余料且只能用在外侧，或用饰边掩盖，这也颠覆了汉服尚缘饰的动机。但氆氇藏袍是用一个整幅氆氇通过斜裁"摆片插角互补"的方法实现零浪费，且插角用在隐蔽的内侧。这确实是充满节俭美学的大智慧（图5-14）。

我们通过它的裁剪流程来体验这种"节俭美学"。选取氆氇藏袍主结构分解图中"摆片"6个部分为实验对象，它们分别为3个插角和与插角相邻的摆片。由于3个摆片的左右两边均为布边，所以它们的宽度都是一个整幅，沿长度较短的布边线直至与上方线的延长线相交于一点，两条延长线b、c均用虚线表示。此时出现了一个巧合的现象，三个摆片缺失的三角形状与它相邻的插角形状相吻合，理由是，摆角的两条边，一条边为裁剪缝，另一条边为布边，而且每个插角的布边、靠近底摆的边和另一条断缝与裁剪掉的三角对应尺寸一致，经测量两个三角形边线的$a=a'$，$b=b'$，$c=c'$。更加精妙的是，将3个插角分别按照3个相等的边补到摆片当中，发现插角的纱向和摆片的纱向完全一致，这需要插角布边与摆片布边拼接使制成摆片平整。试验结果表明，形状完全互补、断缝和布边方向完全相同的两块面料，拼合后纱向刚好完全一致，故可以断定3个插角结构原本是各自摆片的一部分，为了达

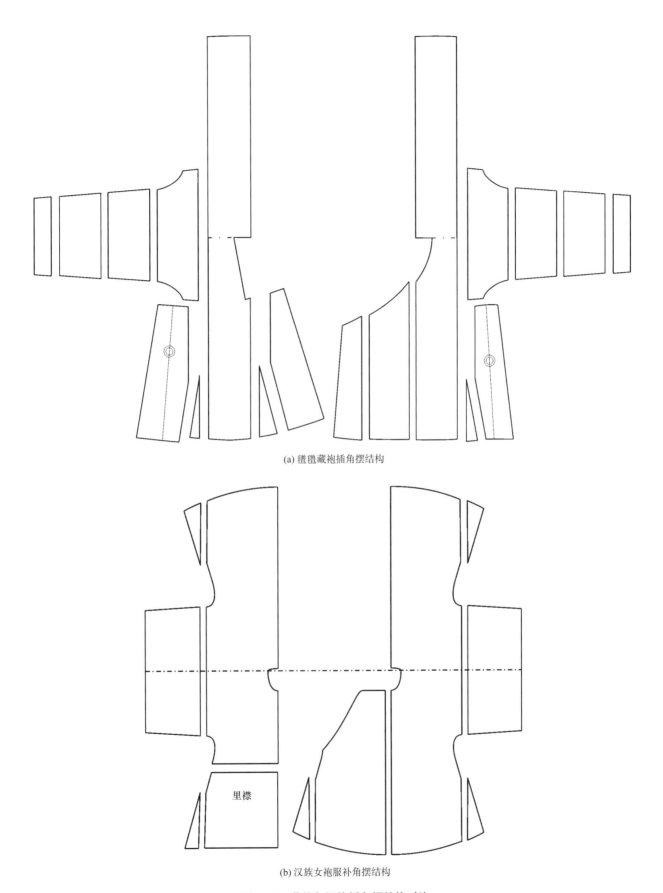

(a) 氆氇藏袍插角摆结构

里襟

(b) 汉族女袍服补角摆结构

图5-14　藏袍与汉袍插角摆结构对比

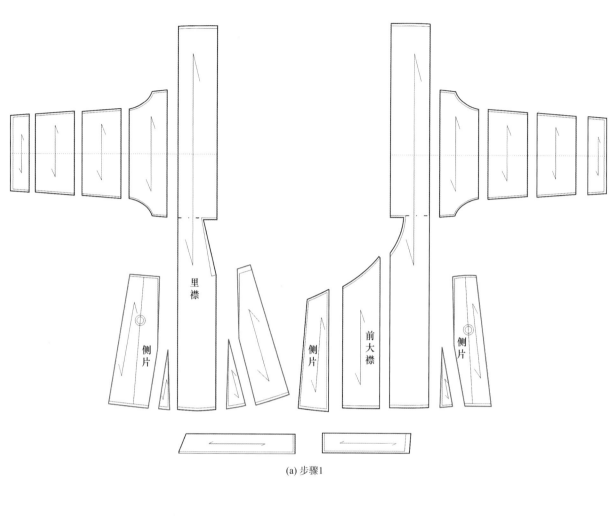

(a) 步骤1

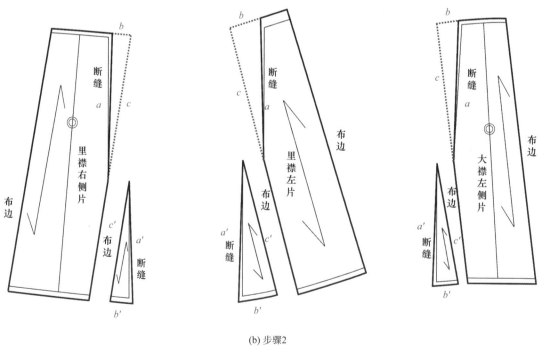

(b) 步骤2

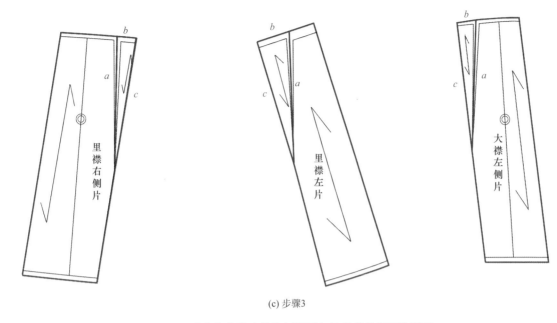

(c) 步骤3

图5-15 氆氇虎皮饰边藏袍侧摆插角结构裁剪复原步骤图

到肥身阔摆的效果而将竖直的3块氆氇面料进行不同角度的倾斜，也就造成了两侧插角和里襟插角的角度不同，但它们的零消耗和隐秘性却令人叹为观止（图5-15）

3．插角的隐秘性与整齐划一的节俭意识

氆氇虎皮饰边藏袍标本里襟的两个插角隐藏在大襟之下，且靠外侧插角又被添加的虎皮饰边覆盖。大襟左侧片的插角也隐藏在虎皮饰边之下。分布在前身下摆的3个插角通过巧妙的设计丝毫没有破坏藏袍外观的完整性，又同时保留了它的功能作用，合上衣襟之后，插角的结构完全隐没在藏袍独特的结构和饰边之中。这种形制在氆氇藏袍中具有普遍性，依据氆氇藏袍先于织锦藏袍的历史事实，藏袍三开身的标志性结构是从氆氇藏袍结构开始并演变而来，这就是因为织锦面料比氆氇幅宽增加了一倍，而可以形成完整的前后片、侧片和袖片的三开身结构，正因为氆氇的幅宽不足，而产生了"摆片插角互补"的巧妙设计，但又不同于汉人传统女袍"补角摆"的形制，它体现了更强烈的节俭美学。然而无论如何它们都没有脱离"十字型平面结构"中华传统服饰的共同基因（表5-2）。就氆氇藏袍独特的结构形制而言，它是智慧的藏族先民经过不断的尝试与变革沉淀下来形成的一种高寒文化生活需求的服饰规制，而在中华传统服饰文化中独树一帜。

藏族服饰的布幅决定结构、巧妙的裁剪拼接和隐秘的插角设计都是节俭思想的完美体现。受布幅限制，底摆增加插角来满足阔摆结构需要，且插角与相邻侧片"化整为零、互补盈亏"的裁剪方法，使面料的使用达到最大化。这种节俭美学与汉族传统服饰的"敬物尚俭"理念不谋而合，而在文化上又表现出民族的多元性。3个插角位置的不对称性也是实用主义的另外一个体现。藏族信仰藏传佛教，不追求以人为尺度而转向以自然为尺度，所以氆氇原生态的使用才赋予了藏袍灵性，在服饰结构形态上较之汉族服饰显得更加隐秘和整齐划一，通常是一种万物皆灵自然观的流露。

表 5-2　藏袍与汉袍"十字型平面结构"的异同比较

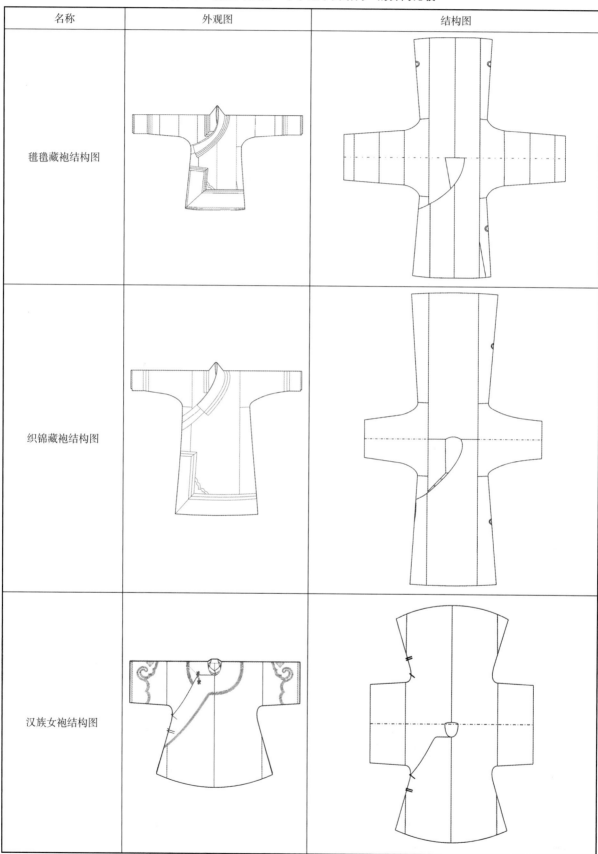

名称	外观图	结构图
氆氇藏袍结构图		
织锦藏袍结构图		
汉族女袍结构图		

（三）氆氇藏袍纹饰形制藏汉文化融合的宗教寓意

藏族原始宗教本教，重自然崇拜，相信万物有灵，是藏族文化的核心部分。正因为藏族人民生活在自然条件恶劣的高寒地区，又被喜马拉雅山、唐古拉山、横断山等大山阻陋，形成万物皆灵的自然经济。所以他们感知的世界是自然的，又是超自然的，一方面他们珍惜自然的馈赠，另一方面他们将对生活的憧憬寄托于超自然的神力。在文化上表现出强烈的"围城效应"，渴望交流的心理甚至比任何一个民族都更加强烈，最适合的媒介就是把服装修饰得通神，就是给它加入自然的图腾，这是一种"巫教"的体面，他们认为"在外出时，一个人如果没有穿洁净、体面的衣服，那么他的'龙达'（潜在的机遇）就会减少，因而使他比较容易受到咒语的影响"❶。所以对于藏族人来说，"五彩"（多色之意）盛装不仅是美和财富的象征，更是一种祈福求吉的心理需要，这应该是藏族人注重服饰装扮的内驱动力，起到了调节心理、慰藉心灵的作用。同时外来文化的契合，让这种充满自然神力的"五色"宗教藏族文化和"五行"礼教汉族文化更合乎逻辑地镶嵌在藏袍中和任何可以表达的事项中，如五色教派、五彩经幡、五彩邦典。藏袍中的"五色"宗教寓意更是如影随形。

1. 从"五色"到"五行"

氆氇虎皮饰边藏袍标本的领缘、袖缘和摆缘都有多层黄、红、蓝相间的金丝缎饰条，大面积的虎皮和嵌在虎皮边缘的红色毛毡条，其间还镶有硬质金丝边，起到固定整个饰边的作用。所有的条状边饰都很硬挺，除了美观外还起到增加衣服边缘耐磨性和袍身寿命的作用。氆氇虎皮饰边藏袍是不加衬布的，仅有领缘、袖缘和摆缘的内部覆盖着蓝色长寿和五福捧寿纹织锦贴边，在最容易磨损的地方保护氆氇。两侧袖子边饰是连裁，刚好围绕袖口一圈，在袖内缝处缝合。金丝缎条和虎皮都有很多断缝，断缝多是受布幅的限制和充分利用边角余料的结果，但虎皮的分块主要是因为动物立体表皮向平面化转换的特殊处理所致。虎皮与彩条饰边由宽为0.3cm的绿色装饰绳条分割勾画着边饰的轮廓，金、绿、蓝、红、黄的五色饰边在暗沉绛红的氆氇面料衬托下格外醒目。这五色刚好与道家"金木水火土"的宇宙要素一一对应，"五色"与"五行"在藏袍中的巧妙运用与其说是巧合，不如说是藏汉文化认同的结果（图5-16）。

藏族服饰的五色偏好既源于藏传佛教中五种色彩的宗教教化，又是汉道五行文化融合的产物。"五色"有多彩的涵义，与道教一生二、二生三、三生万物的宇宙观有异曲同工之妙，既象征宇宙万物，也有宗教的确定寓意。因此有时不限定五种颜色，如邦典，确切的表达是往往与宗教的教义有关。寺院上的五色旗代表了藏传佛教的五个教派，分别为宁玛派、噶当派、噶举派、萨迦派和格鲁派，它们分别对应红教、黑教、白教、花教和黄教。在藏区随处可见的五彩经幡，由于上面印有佛经，在普遍信奉藏传佛教的人们看来，随风而舞的经幡每飘动一下，就是诵经一次，在不停地向神传达人的愿望，祈求神的庇佑。所以经幡在藏民心里是他们通神的纽带，寄托着人们的美好愿景。这些五彩缤纷的经幡，其颜色也有固定的含义：蓝幡是天际的象征，白幡是白云的象征，红幡是火焰的象

---

❶［印］群沛诺尔布. 西藏的民俗文化［J］. 向红笳译. 西藏民俗，1994（1）.

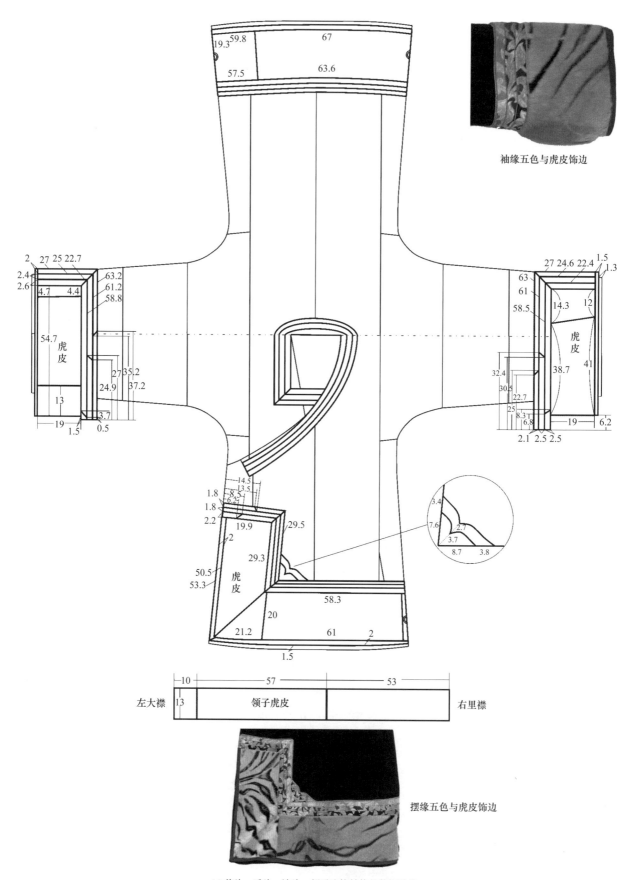

袖缘五色与虎皮饰边

摆缘五色与虎皮饰边

左大襟　领子虎皮　右里襟

(a) 前片、后片、袖片、领子边饰结构的数据采集

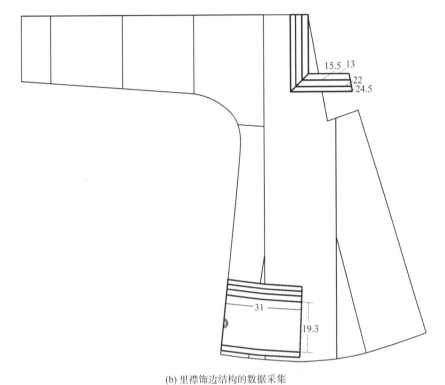

15.5　13

22

24.5

31

19.3

(b) 里襟饰边结构的数据采集

图5-16　氆氇虎皮饰边藏袍饰边结构测绘与复原图

征，绿幡是绿水的象征，黄幡是大地的象征。这样一来，也固定了经幡从上到下的顺序，如同蓝天在上黄土在下的自然规律一样亘古不变，各色经幡的排列顺序也不能改变（图5-17）。这种宇宙秩序通过这种"通神媒介"传递并指引着人间的行为，因此在藏区无处不在的五彩转经筒、人们在寺院里都不可以逆时针而动。这似乎更像中华古老天人合一的宇宙观和五行太极的践行者（图5-18、图5-19）。

图5-17　塔公寺前的五色旗及藏族生活的五彩经幡

图5-18　转经筒必须顺时针转动（摄于布达拉宫转经围墙）

图5-19　藏区寺庙必须顺时针行祀（摄于色拉寺）

　　藏传佛教的"五色经"和道教的"五行学"是契合还是继承已经不重要了，文化基因的一脉相承甚至比理论家的结论来得真实可靠。阴阳五行学说是道家的一种哲学思想。它以日常生活的五种物质金、木、水、火、土元素作为构成宇宙万物及各种自然现象变化的基础。古代先哲将宇宙生命万物分类为五种基本的构成元素，这是一种伟大而朴素的宇宙观。而中国在五千年前就建立了"五行"为载体的宇宙时空观，将赤黄青白黑作为"五行""五方"的天人合一的社会秩序。因此"五行"成为中华传统哲学的基础和正统。"五色"与"五行"学说的结合，使汉藏文化渗透到了哲学层面，既丰富了哲学内容，又增加了多元文化的内涵。源于汉道文化的"阴阳五行"学说与藏传佛教的"祈福思想"在五色的运用上达到了文化的认同，汉藏文化的基因也体现在这件氆氇虎皮饰边藏袍中。

2. 兽皮五色饰边的自然崇拜与氏族文化的活化石

对原始宗教事项研究的主流观点认为，以巫教为特征的原始宗教的一切形态都是"功利主义"的，图腾就是它的集中表现，因而图腾的原始形态无处不在，表现出泛神社会的文化结构。藏本教就具有这种特征，当它与外来文化结合的时候，它会变得更强大和更靠近科学。在西藏封闭式的自然环境中，包容总是大于排斥，事实上原始宗教藏汉的宇宙观就具有认同性，只是"五行"被进化成"仁义礼智信"宗族的文化传统，"五色"却保持了它的纯粹性，所以氆氇藏袍的虎皮饰边与"五色"结合就成了自然而然的事。"兽图腾"加入"五色"既有宗教进步的意义又有藏汉文化交融的痕迹。相传吐蕃时期，吐蕃赞普对英勇善战的有功者奖赏长约1m、宽6cm的兽皮制成的围带，用水獭皮、虎皮和豹皮三种不同的兽皮制成的围带分别授予三个等级的英雄，特等英雄被授予水獭皮围带，一、二等英雄分别被授予虎皮和豹皮围带，且规定围带的两头连接起来，作为勋章左肩右斜挎于腋下[1]，形制很像现代人颁奖时用到的绶带。但是佩戴兽皮围带却给英雄的狩猎征战带来了不便，围带经常会套住手足，于是他们将围带缝缀于衣领或衣缘，这会赋予他们神力，且因为方便而有效。显然这是氏族文化的遗留。随着社会的不断发展，原本作为藏族英雄勋章的围带逐渐演变为具有藏传佛教色彩的藏袍，也从对人生氏族的"铭示"衍生出一种宗教文化的归属表征。

北京服装学院民族服饰博物馆馆藏的水獭皮、虎皮和豹皮藏袍均是20世纪初以后的标本，它们虽然不能以氏族社会制度去标榜拥有者功绩的级别，但从材质和工艺来看它们还是有等级区分的，水獭皮藏袍无论是质料还是工艺等级最高，虎皮次之，豹皮等级最低。具体划分的依据和动机已无从考证，但是从三种动物的稀有度来看，水獭体积最小，要想制成与虎皮和豹皮同等大小的围带需要用到多只水獭，而且水獭傍水而居，习水性，很难捕捉，且不产自藏区，这也许是将它作为最高奖赏的原因所在。而老虎是兽中之王，地位显然比豹要高。现如今康巴服饰中兽皮的运用已无等级之分，男女皆宜。男袍镶虎皮、豹皮居多，女袍主要镶水獭皮，偶尔也会镶豹皮（图5-20）。但无论如何这些真皮藏袍一定是20世纪前遗留之物。虎皮饰边宽达20cm左右，需要一整只大虎的皮才能裁制，我们如用勇武、高贵、财富去解释是幼稚的。石渠县至今还生活着18个原始游牧部落，被称为"太阳部落"，所以服饰上兽皮所承载的一定是远古的信息，是氏族社会的"活化石"。重要的是不同兽皮的原始信息赋予了藏传佛教的宗教色彩，这就是藏汉文化的归属，是"五色"也是"五行"（图5-21）。

---

❶ 周裕兰.《康巴藏服 五彩祥云》［J］. 中外文化交流，2013（5）.

(a) 水獭皮饰边藏袍

(b) 虎皮饰边藏袍

图5-20 藏族女袍服中镶有兽皮饰边，
　　　　承载着远古的氏族信息
　　　　（图片来源：《中国藏族服
　　　　饰》）

(c) 豹皮饰边藏袍

图5-21 三种典型兽皮藏袍（北京服装学院民族服饰博物馆藏）

图5-22　馆藏三种典型兽皮藏袍的贴边纹饰均有汉俗的"团寿纹"

3. 从藏袍儒释道纹饰寓意到宗教的物化体现

充满原始宗教的藏传佛教从不缺少与汉文化的交融。如果说"五色"具有本教原始表征的话，"五行"则是道教的初始表象。它们什么时间融契虽无从可考，但今天藏族文化固有的物质形态隐藏着这些古老的密码。而且在藏袍服饰的形成中（或定型中）成为儒释道集大成者是学界疏于研究的，这在氆氇藏袍的结构数据采集、复原的考据中有重要发现，特别是在藏袍的纹饰系统中更加突出。如果说氆氇虎皮饰边藏袍饰边"虎皮配五色"与"汉道五行文化"的融合还不够清晰的话，那么它贴边上的"团寿纹"源于汉儒文化则是显而易见的。这个结论的可靠性在于，它不是孤立的个案，馆藏三件不同类型兽皮饰边藏袍结构中都采用了团寿纹贴边的形制。当然，它囿于藏传佛教中所传递的信息变得神秘而丰富，或许是借用儒家思想诠释藏传佛教的教义祈福未来（图5-23）。

印度佛教早在两汉时就已经传入我国，随后的时间里，佛教在发展过程中不断地吸收中国传统儒道文化，形成了汉传佛教。公元5世纪，佛教从发祥地印度传入吐蕃，到了公元7世纪，吐蕃王朝第一任赞普松赞干布迎娶唐朝文成公主，汉传佛教随之传入吐蕃，由此也揭开了藏传佛教改革和发展的序幕。此时，印度佛教、汉传佛教与吐蕃的原始宗教本教相互斗争、相互融合，最终形成了以格鲁派黄教为正教各教派融合的藏传佛教，五派融合的格局延续至今。佛教从印度、儒道文化的汉传佛教从中原分别传入吐蕃，在漫长的发展过程中，儒释道与藏族的历史文化相融合，逐渐形成了思想体系独特的藏传佛教，其影响渗入藏民生活的方方面面，并内化到藏族人的思想观念、审美情趣和艺术理念中（图5-23）。

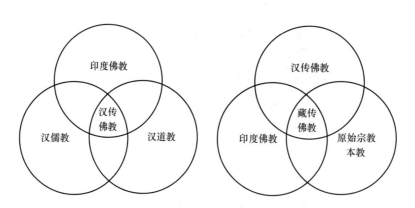

图5-23　藏传佛教和汉传佛教的形成特点及相互关系

藏族服饰中的纹饰系统，少有对现实图景的模仿或再现，多为意象的几何图形。这种意象化的表征和汉人服饰的吉祥图案有异曲同工之妙，只是藏族纹饰被赋予了绝对的宗教色彩，而且上升到无处不在的精神寄托，如随时转动的经筒、飘扬的经幡等，在服饰中甚至把这种寄托也经营在完全看不到的内贴边上。但纹饰完全是儒家文化的传统，这在汉人传统服饰中是少见的，或许就是宗教的力量。此件氆氇虎皮饰边藏族男袍标本没有里布，仅在领缘、袖缘和摆缘处附有贴边，均为45°斜裁，说明贴边的保护、舒适、耐穿的功用和其他服饰一样专业到位（图5-24）。

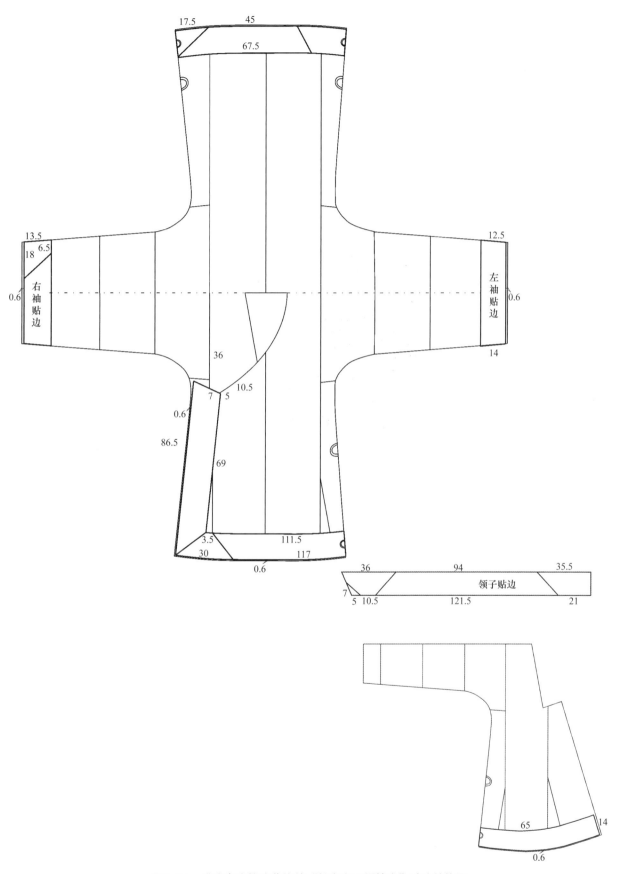

图5-24 氆氇虎皮饰边藏袍的"长寿和五福捧寿"贴边结构图

玄机是必须选择能够承载和契合藏传佛教的"长寿"和"五福捧寿"的儒家纹饰，因为它们既是藏传佛教"圆通""圆觉""圆满"的理性精神（"五福捧寿"的寓意），又是儒教的宗族愿望（"长寿"的寓意），使人感到稳定、坚实，显现出一种神秘的威力和祈福的愿望。它们虽然看不到（内贴边），但在藏人看来内心的寄托更重要（图5-25）。这可谓藏袍独特的"贴边文化"却孕育着藏传佛教和儒道思想中华文化的同形同构。正由于这样的文化认同，这种装饰符号使服饰成为表达民族精神、歌颂生命、寄托信仰的文化载体，尽管经历朝代的更迭和文化观念的变迁，依然能够保持稳定的藏族服饰纹饰系统与宗教意蕴丰富的文化内涵，成为中华传统服饰最重要的文化类型之一。由此可见，对于藏袍结构的深入研究或许可以找到一把开启藏文化之谜的钥匙。

图5-25　氆氇虎皮饰边藏袍贴边纹饰中的汉俗"长寿"字纹和"五福捧寿"团纹

四、织金锦水獭皮饰边藏袍结构研究

织金锦水獭皮饰边藏袍为北京服装学院民族服饰博物馆藏族服饰代表性藏品，征集于四川省甘孜藏族自治州石渠县，属于藏族服饰中的康巴支系服饰，根据对样本质地、做工、装饰风格等因素的综合分析，其为20世纪初典型的上层康巴妇女的礼服。这件藏袍是在20世纪70年代中期，当时的博物馆负责人参加当地的一次隆重仪式偶遇藏袍主人得到的。康巴贵族藏袍与民间藏袍在结构上没有根本区别，主要是质地高贵与粗糙、花纹讲究与平素之分（图5-26）。

石渠服饰是康巴藏族服饰的典型代表，其中女子礼服藏袍富贵端庄，纹饰繁复华丽，做工精细，领缘、袖缘和摆缘装缀毛皮饰边是其最大特色，这些也都反映在这件石渠织金锦水獭皮饰边藏袍中。裁剪设计为典型藏袍"连袖三开身十字型平面结构"，形制为交领右衽，袖子、前后无中缝为连裁；前后片衣身在肩线处分开裁剪；左侧片连裁无缝，右侧片断缝分为前后两部分。袍身宽松肥大，下摆微张，袖子比汉族袍服（以清末民初女袍服为典型）要长，领缘、袖缘和摆缘均装饰有红蓝色花纹加金丝缎条配合水獭皮缝缀的饰边（图5-27）。

图5-26　织金锦水獭皮饰边藏袍的面貌（图片来源：加贝先生摄）

(a) 正面图

图5-27

(b) 背面图

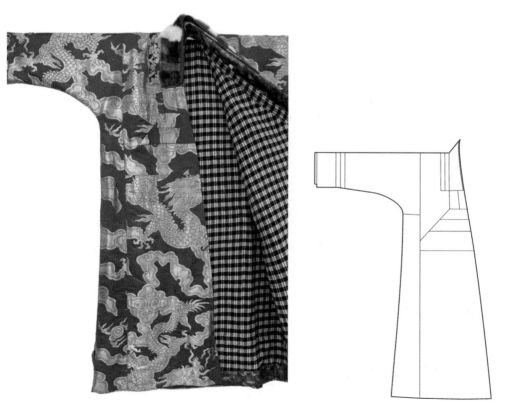

(c) 里襟图

图5-27 织金锦水獭皮饰边藏袍标本和外观图（北京服装学院民族服饰博物馆藏）

（一）从织金锦水獭皮饰边藏袍纹饰形制看藏汉蒙文化交流

织金锦是藏袍最高等级的面料之一，为以金丝做纬线的印度织造，色彩光鲜华丽，纹样繁复丰盈，图案以植物造型为主。石渠一带的藏民喜欢用印度和尼泊尔的锦缎，那里的裁缝手艺在旧时的康巴地区也数一数二，所以石渠的藏袍无论是布料还是手艺都代表了康巴藏袍的最高水平，甚至在整个藏族袍服中都具标志性意义。然而，从织金锦水獭皮饰边藏袍面料的祥云金丝龙纹图案和"通身通袖十字型平面结构"的形制看，则渗透着藏族、蒙古族、汉族文化交融的中华文脉。

金色的广泛使用可以追溯到元朝。元朝是中国织金技术发展的鼎盛时期，以"纳石失"为代表的织金锦无论是在织造技术还是纹样设计上均带有唐宋遗风。"纳石失"是一种以加金丝线为特色的丝织物，包括片金线或圆金线为纬线的织金锦或织金缎。那时的西藏区域管理是靠政教合一的地方统治者与中央政府的关系维系的。其中最重要的纽带就是藏蒙文化的核心——藏传佛教，而蒙元藏传佛教又渗透着汉儒礼教的精神。由于地理的原因，蒙汉文化的交汇远远早于西藏地区，同时元朝为了有效地统治以汉文化为主流的庞大疆域，儒教也成为名副其实的国教，汉文化的吸纳便成为元朝统治者的基本国策和自觉行动，因此汉族的龙纹不仅没有被罢黜，而且仍然作为皇家的"图腾"传承着。重要的是喇嘛教也是蒙古人的本教，这样宗教又把蒙藏文化拉得更近。由此可见，蒙古人尚金并用最高规格的龙纹来表达，既是社会伦理的普世价值，又是内心精神的愿景。因此，元朝纺织品盛行织造"纳石失"（织金锦），使蒙藏宗教、文化和生活方式的趋同性，汉文化（龙）成为标志性元素，"纳石失"技艺的传播在藏区非常广泛深入，这也告诉我们在汉藏文化的交流机制中，蒙文化起着重要的媒介和桥梁作用。所以织金锦中的金丝龙纹至今成为康巴藏族服饰的主要纹饰，是藏汉蒙文化碰撞与交融的结果（参见图5-27）。

由于川西康巴藏族聚居的自然环境、历史变迁、社会结构、族源关系及异族文化的融入等影响，康巴藏袍保留了与其他文化融汇的多元性特点，体现出多元文化汇集一身的风格，最重要的要数汉藏文化的交流。在甘孜地区，汉藏文化长期频繁交往，汉文化源源不断地输入，并渗透在藏民的生活方式中。据史书记载，文成公主入藏时带入"诸种花缎、锦、绫罗与诸色衣料二万匹"，并在康定停留数月。元朝的统治，在蒙古人中成为主流的喇嘛教，使蒙古族、藏族、汉族文化又经历了一个血浓于水的时期。元朝之后的明清几百年间，汉藏文化进入了一个大融合的时代，汉族高贵的丝织品也通过"皇家赐予"和"茶马互市"源源不断地输入。特别是清朝皇家的宗教就是藏传佛教，这对川西康巴地区汉藏文化交融的宗教格局影响很大，至今在康巴地区的藏族宗庙中无论是宁玛派的金刚寺，还是格鲁派的南无寺和安觉寺，大多是藏汉合璧的风格，教义也渗透着深邃的儒家文化（图5-28）。

在服饰上也有同样的表现。这件织金锦水獭皮饰边藏袍面料上的祥云金丝龙纹是典型的汉族纹饰，纹样的组织结构为宋代的多层二方连续样式；表现手法深受明朝绘画风格和清朝刺绣工艺的影响。这其中还结合了染织装饰技艺，使整体造型在富贵的气象中更加丰富耐看。这一切都是在汉文化的符号中实现的，所以这件藏袍才会出现清代的威龙和明代的祥云纹样珠联璧合的精妙之趣（图5-29）。

125

图5-28　甘孜藏族自治州康定县汉藏融合风格的金刚寺、南无寺和安觉寺（摄于康定县）

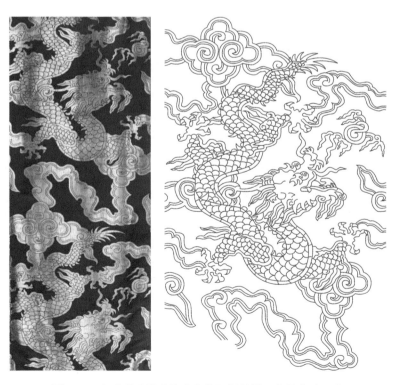

图5-29　织金锦水獭皮饰边藏袍面料的祥云金丝龙纹图案

这件藏袍对汉文化的吸纳并不只是停留在表面，而是在一切可以表达的地方都不会放弃，这说明儒家文化的愿景成为藏文化的自觉，如同佛教文化普度众生的佛心成为儒家文化"仁慈"思想的彻悟一样没有了边界。这被巧妙地表现在藏袍里面绿色贴边上的"五福（蝠）捧寿"团花纹和长"寿"字纹上。五福捧寿是清朝时期的一种吉祥图案，出自《书·洪范》记载："五福，一曰寿，二曰富，三曰康宁，四曰攸好德，五曰考终命"。"攸好德"是"所好者德也"的意思，"考终命"是有善终。所以画五只蝙蝠谐音"五福"围着寿字寓意多福多寿。长寿字是汉族文化中标志性的符号，在民间是"五福"观念的主体，是维系"宗族体制"的图腾。然而它在这件康巴藏袍纹样中受到青睐，并不像汉人服饰那样用在主要部位作为重要的吉语纹章，设计成团寿纹或长寿纹用在寿衣冥器上（在汉族传统中"团寿纹"意为故去的人无病而终，"长寿纹"意为逝去的人长寿无疆）。而这件织金锦水獭皮饰边藏袍将五福捧寿和长寿字纹织成绿色金丝缎面料用作贴边，缝缀在袍服根本看不到的衬里作边饰，这或许跟汉人用"寿章明示"祈福逝去的亲人生命长存不同，而以"寿章暗示"的方式用在现实生活的服饰中，这样既避免了源自汉人"明示"寿衣的习俗，又表达了隐藏于内心的对长寿的愿望（图5-30）。重要的是这种"寿章暗示"并非个案，而是康巴藏袍特有的贴边规制（参见图5-22）。如果把面料的祥云、金丝龙纹、水獭皮和寿字纹这些美好的事物合在一起去理解的话，这将是描绘了一幅极其美好的生活图景，也完全不亚于汉人服饰的花团锦簇、吉祥如意等内涵丰富的礼制表达。这或许是中华民族服装的装饰风格，不能用一个"彰显论"❶就可以解释的。

图5-30 织金锦水獭皮饰边藏袍标本的内贴边"五福捧寿"和"长寿"纹以"寿章暗示"方式祈福

---

❶ 彰显论是对中华传统服饰装饰繁复、设色华丽、寓意丰厚特质的一个主流观点，表现为非实证的形而上的逻辑学理论。

（二）从织金锦水獭饰边藏袍结构图复原看中华传统服饰"十字型平面结构"

1. 主结构测绘与复原

从主结构、外部饰边结构、内部贴边结构、衬里结构、毛样复原和纹饰几个方面对织金锦水獭皮饰边藏袍进行的系统信息采集、测绘和结构图复原是探索传统民族服饰研究的实证方法，也是深入了解考证藏袍"连袖三开身十字型平面结构"的重要步骤和手段。织金锦水獭饰边藏袍的主体结构在前后中没有破缝，但在肩部断开，左右袖为一整片。从肩线到底摆的长度为162cm。左侧片为前后连裁，右侧片为前后分裁形成侧缝。领面由两个并行的长条组成，领宽之和为11.6cm。

大襟掀开，里襟呈多片拼接，整个里襟由5个大小不等的裁片成梯形排列。里襟最宽的地方是底摆，有47.5cm。

如果从主结构的数据分析，最宽的地方不足75cm。左袖从袖口到破缝的水平距离为70.8cm，右袖为71.5cm。衣身中间裁片的两条破缝间的宽度为55cm。织金锦面料中龙纹图案的金线都是纬线，经向的红细线穿梭于金线之中起到固定金线的作用，从袖子与衣身裁片中龙纹图案的方向可以判断出，袖子和衣身都是竖直向下的纱向。所以最宽的袖片71.5cm加上2cm缝份得到的73.5cm就是该藏袍的最大衣片宽度，也就是此藏袍织金锦面料的实际门幅宽度（图5-31）。

从该标本复原结构图的展开分解图看也证明了这点，其中所有裁片宽度的尺寸都小于73cm。分解图也充分展示了藏袍"连袖三开身十字型平面结构"的面貌。连袖是指左右两个袖片均采用前后连裁，贯通前后的衣身主裁片和两个侧片形成三开身，袖子和衣身共同构成十字型，平面结构是指所有衣片之间的接缝均为直线而不产生立体效果。这种形制在整个华服结构系统中表达着中华传统服饰文化一统多元、一脉相承的共同基因（表5-3）。

2. 边饰结构的敬物尚俭

该标本领缘、袖缘和摆缘都镶有边饰，包括蓝红色花纹加金丝的锦条、棕白相间的水獭毛皮和作为水獭皮基布起到保护作用的红色毛毡条（参见图5-33）。

水獭是半水栖类动物，体背和胸腹的颜色为棕褐色，而头部往下到颈底部为白色，所以白色的面积要远远小于棕褐色的面积，为了达到边饰中棕白皮毛均匀排列的装饰效果，棕色皮毛总是比白色多而宽些以享物尽其用的灵物。以珍贵的水獭皮作饰边，就是贵族服饰也得用心去经营但并不失仪规。虽然藏族服饰素有"家产可戴财富可穿"的习俗，但也绝不会以牺牲节俭为代价，因为他们相信万物皆灵，何况他们的生活物质求之不易，因而表现出善待财富的朴素美学与智慧。我们从该标本结构分解图中发现，里襟频繁的拼接就是为了最大限度地使用边角余料，还有其主结构的接缝设计等，都是基于合理地利用面料形成的。这种以布幅决定结构形式、以节俭经营布料的"敬物尚俭"精神与传统华服结构的形制有着异曲同工之妙，亦是中华民族服饰"十字型平面结构"的精髓所在（图5-32）。

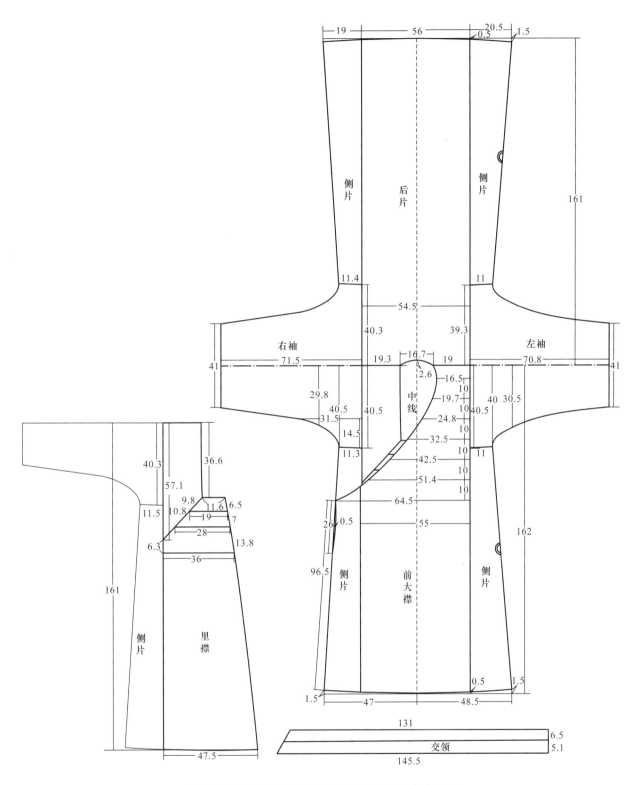

图5-31　织金锦水獭皮饰边藏袍主结构测绘与复原图

　　在领缘、袖缘和摆缘毛皮装饰的接缝处还有细条状红、蓝色金丝缎。红色代表太阳，蓝色代表蓝天，制作者用它们构成了一个像彩虹一样充满藏族愿景的象征。这种隐藏神秘和承载无尽古老信息的藏族服饰文化正是激发人们不断去探索、体验和朝圣的原因（图5-33）。

表 5-3　同时期藏族与汉族和其他少数民族服饰结构表现出"十字型平面结构"的中华文化共同基因

民族	外观图	袍服主结构分解图
藏族		
汉族		
蒙古族		
苗族（海南）		

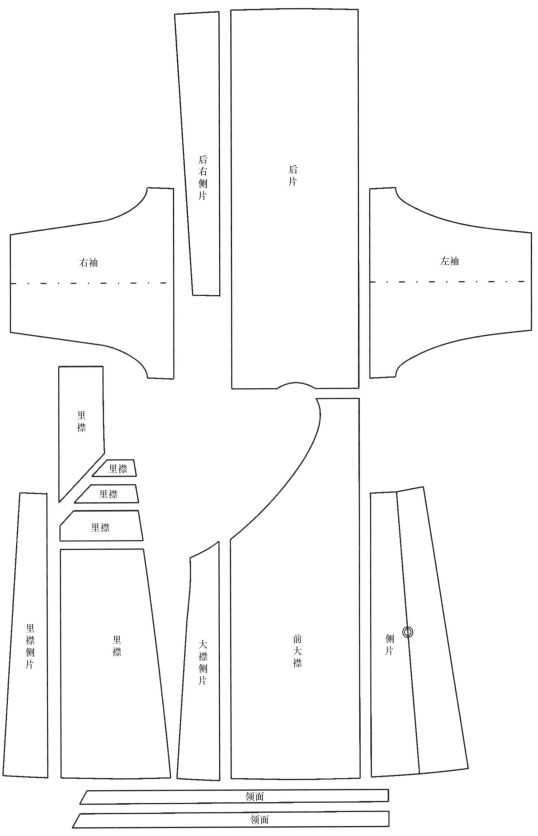

(a) 主结构分解图

图5-32

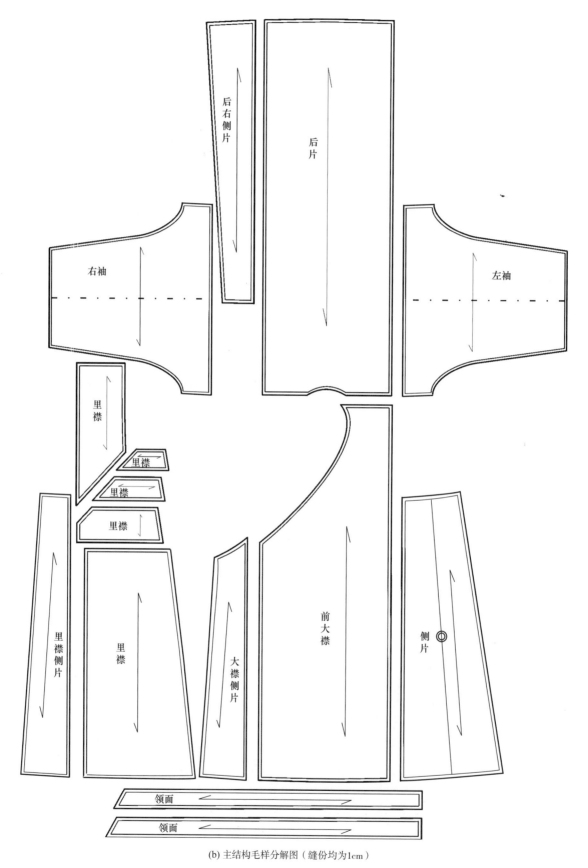

后右侧片

后片

右袖

左袖

里襟

里襟

里襟

里襟

里襟侧片

里襟

大襟侧片

前大襟

侧片

领面

领面

(b) 主结构毛样分解图（缝份均为1cm）

图5-32　织金锦水獭皮饰边藏袍主结构分解图和毛样分解图

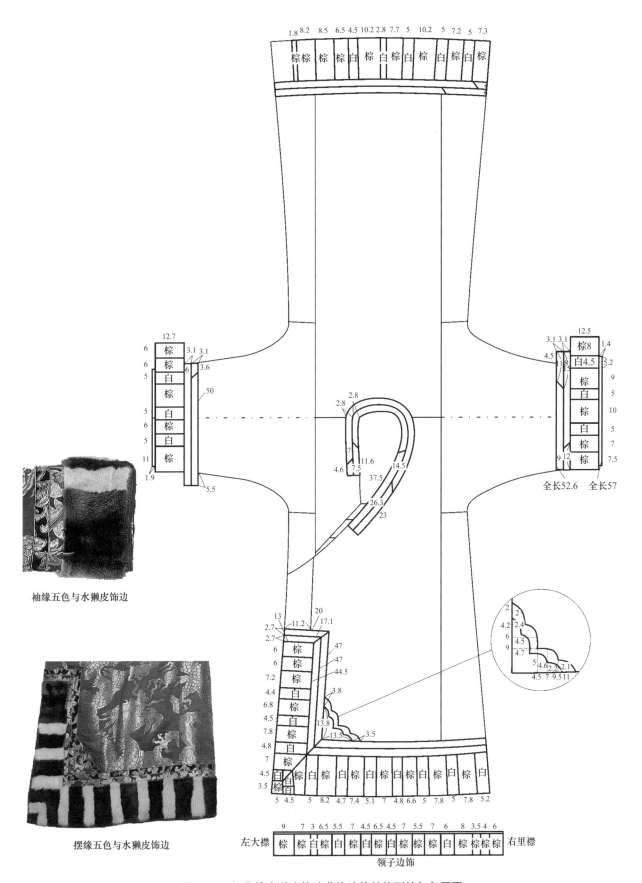

袖缘五色与水獭皮饰边

摆缘五色与水獭皮饰边

图5-33　织金锦水獭皮饰边藏袍边饰结构测绘与复原图

3．衬里与贴边的小计谋大智慧

该标本衬里为黑白格纹的呢子面料，保暖性强。这种梭织面料的门幅很宽，从复原的衬里裁片来看，衣身结构无中间破缝，在肩部最宽的地方达到126.6cm，布幅的边线向两边袖子延伸形成左右不同的断袖结构。显然这是非手工织机制造的工业制品，也就从一个侧面证明了近现代的织金锦水獭皮饰边藏袍对传统技艺保存的状况和面貌（参见图5-36）。由于面料厚重，时间久了会有下坠的现象，解决的办法是将衬里用明线和面布缝缀压合，压合之处的里布一侧中部会有一些小褶出现，这是因为将收紧多余的布料捏褶后固定，以防止里料下坠造成底摆布料的堆积（图5-34）。里布的幅宽虽然比面料要宽，断缝少，但是里布大身裁片但凡有破缝的地方均与正面的破缝重合，这样一来，为了缝缀里外两层面料而压的明线就可以巧妙地隐藏于破缝之中，同时衬里"化零为整"更符合藏袍视为铺盖的传统（图5-35、图5-36）。

(a) 正面图

(b) 里布小褶

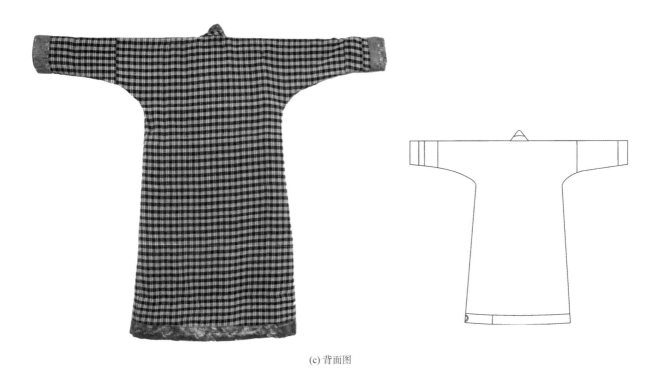

(c) 背面图

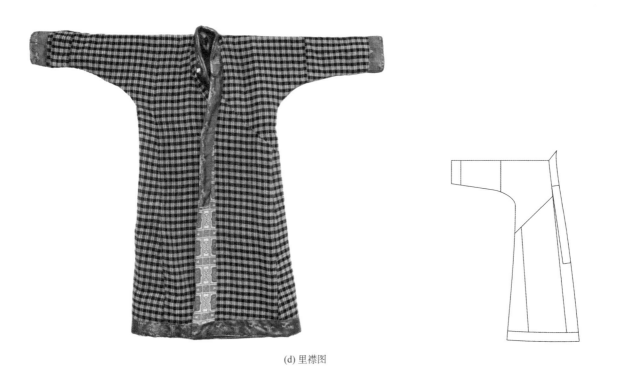

(d) 里襟图

图5-34　织金锦水獭皮饰边藏袍衬里和内贴边的实物与外观图

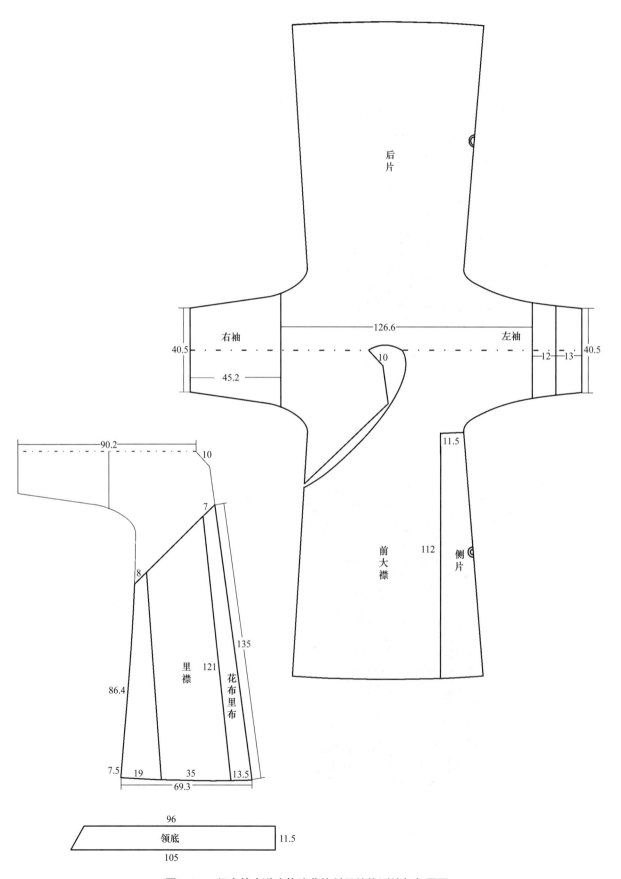

后片

126.6

右袖

左袖

40.5

12 — 13

40.5

45.2

10

11.5

90.2

10

7

112

前大襟

侧片

8

135

里襟

121

花布里布

86.4

7.5 19   35   13.5

69.3

96

领底

11.5

105

图5-35　织金锦水獭皮饰边藏袍衬里结构测绘与复原图

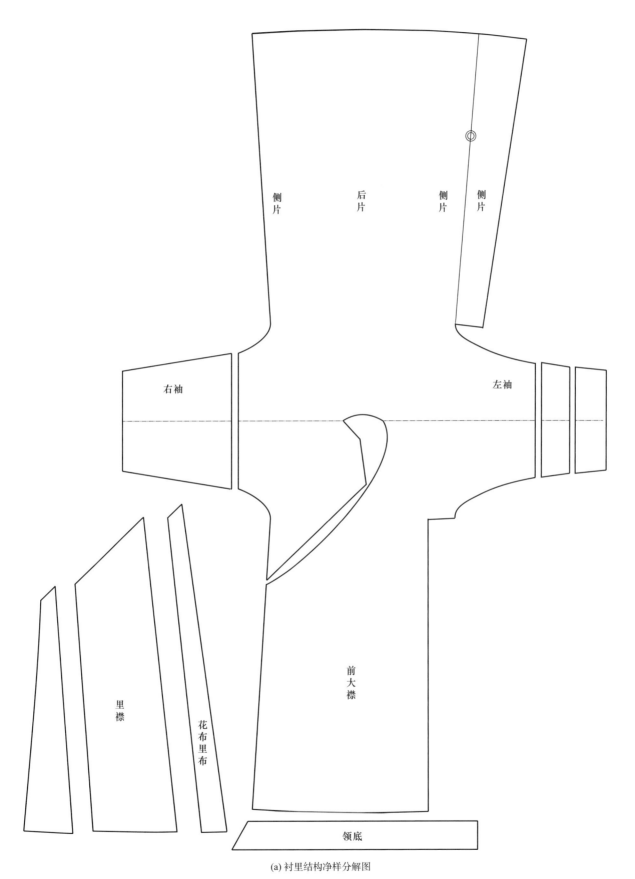

侧片

后片

侧片

侧片

右袖

左袖

里襟

花布里布

前大襟

领底

(a) 衬里结构净样分解图

图5-36

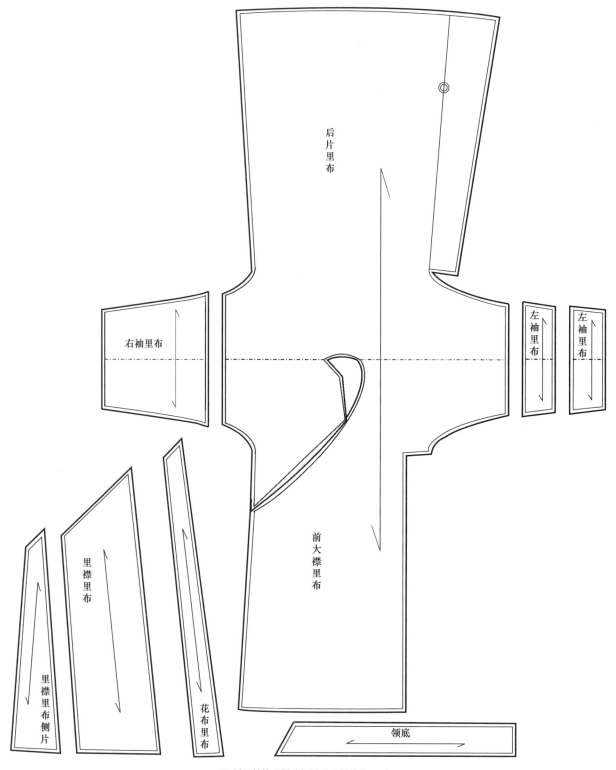

后片里布

右袖里布

左袖里布

左袖里布

里襟里布

前大襟里布

里襟里布侧片

花布里布

领底

(b) 衬里结构毛样分解图（毛样均为1cm）

图5-36 织金锦水獭皮饰边藏袍衬里分解图和毛样分解图

　　该标本的贴边主要分布在衬里边缘，采用绿色"五福和长寿"纹金丝缎面料（参见图5-22）。贴边的分布是从里襟底摆开始一直绕后片底摆、大襟底摆、大襟侧边到领口为止，并有很多拼接现象。

衬里门襟的接拼另有玄机，直襟贴边使用了不同图案的棉质布料，显然是由于布料不足所致。里襟和面襟裁剪线是重合的，里襟无论是衬里还是面布多有拼接现象，因为它是最隐蔽的地方。可以说这是藏袍裁剪设计对实用和美观态度最合理的诠释。从样本整个贴边的状况来看也是如此，频繁的拼接和不同材料用到不同的部位，只能说明一个最朴素的动机，就是在物尽其用的情况下表达美好愿景。这确实是藏袍诠释中华民族服饰传统"十字型平面结构"敬物尚俭美学的"小计谋大智慧"（图5-37）。

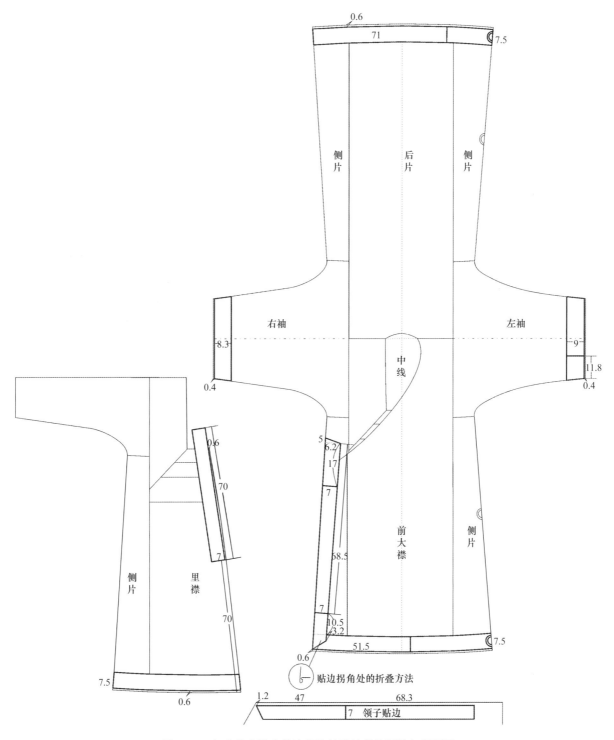

图5-37 织金锦水獭皮饰边藏袍的贴边结构测绘与复原图

五、羊皮镶水獭皮藏袍结构研究

皮袍是康巴藏袍的古老品种。藏袍因季节的不同需要，有单、夹、棉、裘之分。夏季穿单、夹衣裤和藏靴；冬季常着羊羔皮袍、老羊皮袍、皮裤，脚穿皮质的藏靴[1]。从质地上判断，北京服装学院民族服饰博物馆馆藏的编号为MFB005991的标本羊皮镶水獭皮袍为冬季用的藏袍。过去，贵族阶层对民众着装的规定十分严格，唯有上层土司、头人的绸缎藏袍上才可以绣精美的缘饰图案，平民百姓通常只能穿自己加工的氆氇和普通布料衣服或无面料的老羊皮袍。

可以判断，两件皮袍标本虽是平民之衣，但五彩水獭皮和豹襟獭摆兽皮缘饰可谓盛装（图5-38）。羊皮在中华民族传统服饰中的运用十分广泛，具有古老的民族文化色彩，如彝族和羌族的羊皮褂、纳西族的羊皮披肩。新疆吐鲁番苏贝希墓地出土的早期铁器时代（春秋战国时期）女性羊皮袍[2]也证明了羊皮在西北地区服装中的使用之早，至少可以追溯到两千多年前（图5-39）。羊皮镶水獭皮藏袍标本征集于四川甘孜藏族自治州石渠县，形制上与上文三件典型兽皮饰边藏袍同样征集于石渠县同属于康巴藏袍的典型代表。

图5-38　无面料羊皮袍（左）和氆氇面料羊皮袍（右）（北京服装学院民族服饰博物馆藏）

（一）羊皮镶水獭皮藏袍的形制特征

羊皮镶水獭皮藏袍款式为交领，右衽大襟。领缘、袖缘和摆缘镶有水獭皮和红、蓝、金色织锦饰边，虽然织锦的使用宽度不足以显示出完整的面料图案，但依然可以清晰地辨认出吉祥八宝[3]中的

---

[1] 多吉·彭措.康巴藏族服饰,《中国西部》,2000年04期。

[2] 黄能福，陈娟娟，黄钢.服饰中华——中华服饰七千年［M］.北京：清华大学出版社，第80页。

[3] 吉祥八宝：即藏传佛教八宝，又称八瑞吉祥，藏语称"扎西达杰"，分别为法轮、宝伞、金鱼、宝瓶、莲花、法螺、盘长和白盖。这八种吉祥物的标志与佛陀或佛法信息相关。此件藏袍织锦饰边的金法轮象征大法圆转、万世不息；莲花象征出世超凡无所污染及修成正果。

"法轮"和"莲花"纹样（图5-40）。绿色和红色绲条固定和装饰在不同颜色的织锦饰边之间，绲条上均缠绕有金线。靠近最里处还镶有1.3cm宽的金色饰边，类似于清代宫廷服饰中的"砍金线"❶，位于所有缘饰的最里层。水獭皮下面靠近袍服边缘的部位均附上了红色毛毡作基布，起到装饰和固定的作用。里襟摆缘无饰边，仅有红色毛毡条从后片延伸出一部分。此外，标本所有边缘均缝有3cm宽带有白色卷曲的羊皮条，羊毛卷外露在藏袍大襟的边缘，与红色毛毡饰边和水獭皮饰边相得益彰。袖子与衣身拼接处加有嵌条❷，这在藏袍中十分珍惜鲜见，而从传统华服工艺中可以寻觅到其踪迹（图5-41）。羊皮袍质地厚实，十分沉重，而两只袖子由于当地的穿着习惯会经常悬垂于腰间，长期的垂坠会导致袖子与衣身的拼缝容易开裂，所以推断此处嵌条是出于功能性的考虑，起到加固和保护的作用。由于羊皮张面积有限形状不规则，导致制成的羊皮袍出现多处不规则拼接但仍有表尊里卑之别，这在外观款式线描图中可以清晰识别（图5-42）。

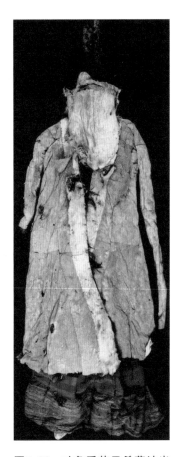

图5-39　吐鲁番苏贝希墓地出土的羊皮袍（早期铁器时代皮袍，引自《服饰中华——中华服饰七千年》第80页）

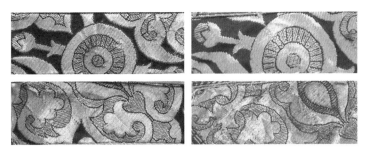

图5-40　织金锦饰边中的法轮（上）和莲花纹饰（下）

图5-41　藏袍（左）和传统华服（右）中的嵌条工艺对照

---

❶ 砍金：传统华服工艺，由外及内依次为滚、砍、宕。
❷ 嵌条：在两块面料拼接之处添加的绲条，起到支撑和美化的作用。

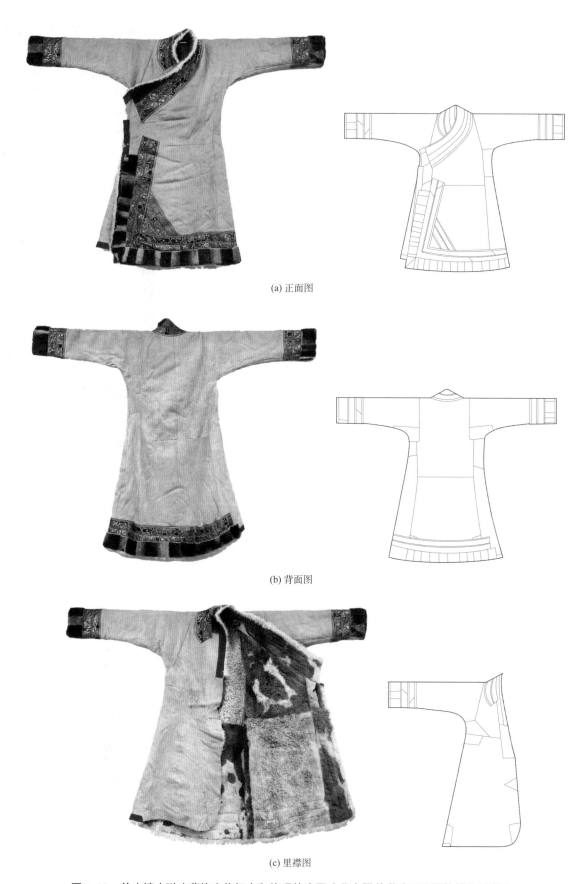

(a) 正面图

(b) 背面图

(c) 里襟图

图5-42　羊皮镶水獭皮藏袍实物标本和外观款式图（北京服装学院民族服饰博物馆藏）

（二）羊皮镶水獭皮藏袍结构测绘与复原

羊皮镶水獭皮藏袍结构在康巴袍服中同样具有典型性，即使不规则的羊皮面料造成了大量不对称的拼接，但是仍然没有脱离"连袖三开身十字型平面结构"的基本形态。此标本是北京服装学院民族服饰博物馆馆藏的所有康巴藏袍中唯一一件羊皮质地皮袍，所以对其进行全息的数据采集和结构图复原显得尤为重要，可以起到完善整个藏袍结构图谱的作用。从不同质地的康巴藏袍中得出共性也就是其本质的东西，可对研究整个藏族服饰结构系统提供关键实证。标本测绘依然按照从里到外、从主到次的测量原则，由于该标本没有衬里，所以测绘内容只包括面料的主结构和饰边结构。

标本主结构包括衣身前后片、袖片和领子。衣身和袖片均前后分裁，衣长147.8cm，通袖长215.2cm。左袖袖口21.4cm，右袖袖口21.5cm，前左右袖为一整片无拼接，后左右袖在腋下部位均有一块拼片。大襟由6片羊皮面料组成，中间和两侧均为上下两片，边缘拼接有3cm宽的羊皮条；大襟上部宽度为69.1cm，前阔摆107cm，呈由上而下逐渐加大的A字形。左侧有侧缝前后片分离，侧缝总长约115.6cm。后衣身由8片构成，基本与大襟的拼接方法类似，保证中间的上下两片居中放置而不产生中缝，只是在下面一片靠近底摆处比前片多出两片大小形状类似的左右对称拼片，后片左右袖的腋下两片已延伸至衣身，成为袖子与衣身共用的部分。后片摆阔为112.5cm，比前片大襟摆阔大5.5cm。里襟衣长139.1cm，比外面的大襟短8.7cm。整个里襟衣身部分由8块大小不同形状各异的羊皮拼接而成，从里面羊毛的不同颜色可以看出它们来自于羊身上不同的部位甚至是不同的品种，靠近右侧缝最下方的一小块拼接与后片的3cm羊皮条是连裁的，其余左侧缝处的前后片都是分开的。领子由5块羊皮拼接而成，上领线总长约173.5cm，下领线总长174.7cm；由于领子不是规则的长条形，领宽不均匀，最宽处有15cm，最窄处有10cm。结合前后片、里襟和领子的结构，仍然可以得出"前整后散、外整内散"的分布原则，面积较大形状较规整的羊皮尽量放在前后片的中间重要位置，前袖和前片的结构较之后袖和后片更为完整，里襟隐藏在内，所以碎拼较多且几乎分布在各个可以弥补的位置，体现"物尽其用"的节俭理念。领子几乎完全被外面的水獭皮和织锦饰边覆盖，所以也同样存在多处不规则的拼接。整张羊皮的形制本身就是不规则的形状，从主结构分解图中大小形态各异的羊皮分片可以再次看出藏袍所承载的"人以物为尺度"克勤克俭的美学精神（图5-43、图5-44）。

标本主结构之外镶嵌了5种不同的饰边，从外及内依次为红色毛毡饰边、白褐相间的水獭皮饰边、红色织金锦饰边、蓝色织金锦饰边和金色饰边，左袖五种饰边的宽度依次为4.7cm、9cm、5.1cm、4.7cm、1.3cm，右袖依次为5.1cm、9.8cm、6cm、4.6cm、1.3cm，大襟衽处依次为4.2cm、9.8cm、4.3cm、5cm、1.3cm，底摆依次为4.2cm、10cm、3.7cm、4.8cm、1.3cm，领子依次为5.2cm、7.1cm、5.1cm、4.2cm、1.3cm，大襟拐角处的三角形饰边由外及内依次为红色织金锦饰边、蓝色织金锦饰边、玫红色织金锦饰边和金色饰边，宽度分别为9.1cm、4.8cm、3.4cm、1.2cm。任何部位的红蓝色织金锦饰边接缝处均嵌入的红绿色装饰条宽度为1.1cm，共6根，合并在一起，2根绿色分居两侧，2根红色居中。里襟没有饰边，只有后片的一小段红色毛毡条延伸到了里襟（图5-45）。

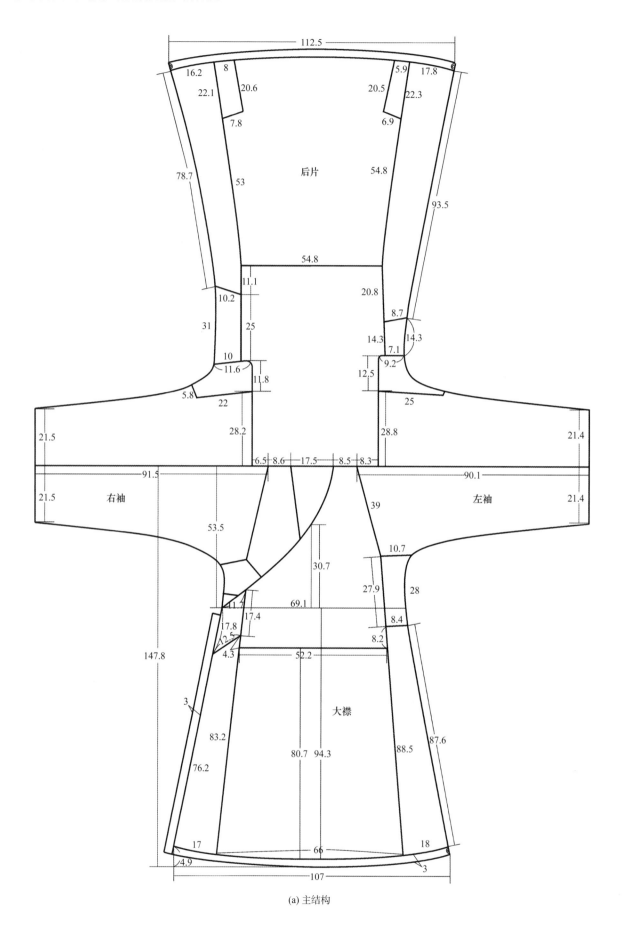

(a) 主结构

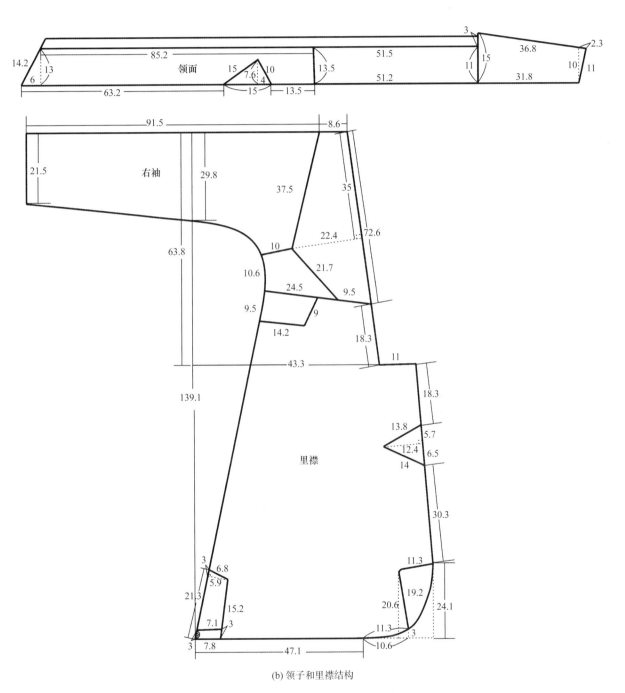

(b) 领子和里襟结构

图5-43　羊皮镶水獭皮藏袍主结构测绘与复原图

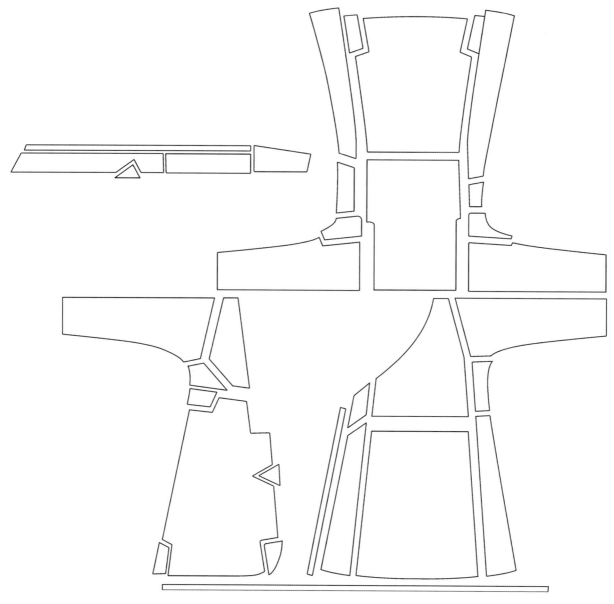

图5-44　羊皮镶水獭皮藏袍主结构分解图（参照图5-43）

　　从水獭皮与红色织金锦饰边拼缝处的绿色饰边条结构细节图上可以发现，织锦饰边有很多处接缝，从接缝的45°角可以看出斜裁的工艺。由于织锦的接缝从外观上看没有面料那么明显，所以接缝的分布并没有严格遵循前整后散的原则，在前片的饰边也出现了多处接缝。从左右袖水獭皮与红色织金锦饰边拼接处可以看出有两根0.4cm宽的绿色饰条，但是底摆处却未发现。恰巧底摆水獭皮饰边的下边线已经脱离面料，无意间掀开水獭皮饰边却发现底摆的两根绿色装饰条整个隐藏在了水獭皮之下，这可以说明制作饰边附着时的顺序，即先镶织金锦饰边，然后镶水獭皮，所以最后将水平拼接好的长条形水獭皮镶在底摆上时，由于宽度太大而不得已掩盖住了原本打算装饰在外的绿色饰条。为何藏民在发现此问题之时不将多余的水獭皮剔除？这引发了我们的思考，也许没有比"人以物为尺度"这种对大自然的敬畏精神更适合来解释它的了（图5-46）。

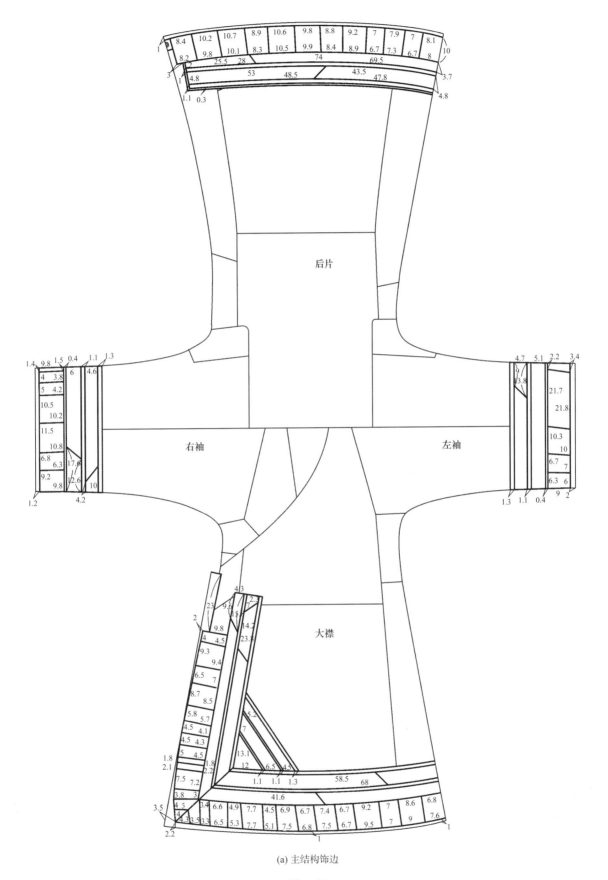

(a) 主结构饰边

图5-45

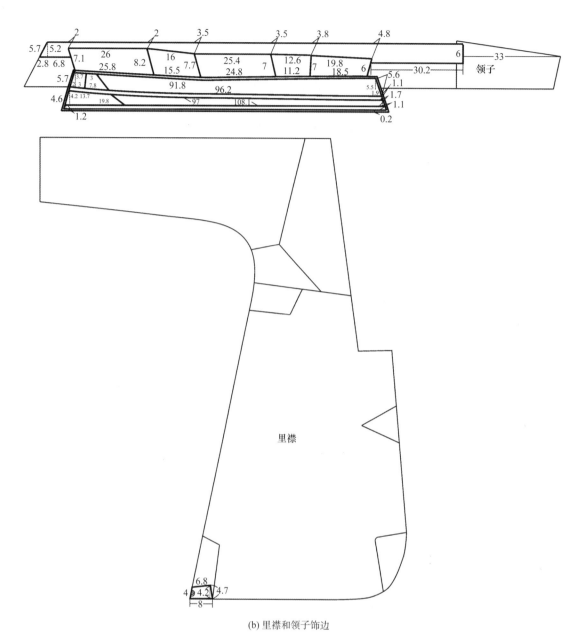

(b) 里襟和领子饰边

图5-45 羊皮镶水獭皮藏袍饰边结构测绘与复原图

(a) 袖缘饰边

(b) 摆缘饰边掀开前

(c) 摆缘饰边掀开后细节

图5-46 水獭皮与织金锦饰边拼缝工艺细节图

六、康巴藏帽与藏靴

　　四川康巴服饰的藏帽和藏靴比起西藏腹地来更具有宗教的世俗性，因此它们承载着古老而原始的氏族信息，值得研究和解读。

　　康巴藏靴无论男女款式腰高都在小腿之上7cm左右，总高在24cm左右。靴筒用氆氇面料，上端后中竖向开一条约15cm长的缺口，便于穿脱。靴面均用黑色牛皮制成，靴底用牛皮，也有用牛毛捻成的绳纳制而成（图5-47），其中，牛皮做底的藏靴鞋底和鞋面前端的鞋尖处同时上翘，而牛毛捻绳做底的藏靴为平底，仅在靴面前端的鞋尖处上翘。在藏区，为了抵御寒气从足侵入，人们喜欢穿软皮缝制的靴子，靴尖上翘则是方便在草丛中行走，整体看上去像一只小木船，据说是借用汉人"一帆风顺"的美好祝愿（图5-48）。靴帮用黑氆氇做长腰，长腰与鞋面间用红、绿毛呢装饰，靴腰的正面中间有条饰花纹，或许是有"五色"的佛教象征意义。羊毛的保暖性比棉要好，柔软的皮革不仅保暖耐用，穿起来也舒适，所以用氆氇和皮革拼接成的藏靴正是恶劣气候条件的产物。

(a) 牛皮底高腰氆氇藏靴（正面、侧面、背面）

(b) 牛毛捻绳底高腰氆氇藏靴（正面、侧面、背面）

图5-47　康巴高腰氆氇藏靴标本
（北京服装学院民族服饰博物馆藏）

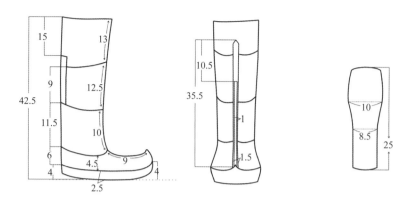

图5-48　康巴高腰牛毛底氆氇藏靴结构测绘与复原图（侧面、正面、靴底）

　　藏族形成戴帽的习俗，当然与高寒地区保暖防晒，同时又能预防冰雪对头部的伤害有关，但更多的是加入了宗教意义。藏族帽子种类繁多，主要有毡帽、皮帽、金丝花帽等。康巴男子习惯戴红缨毡帽和金花帽。红缨毡帽标本是北京服装学院民族服饰博物馆在石渠县征集得到的。这种样式奇特的帽子以白毡制作，高高的帽顶上垂下红缨尺许，与氆氇藏袍组合，成为康巴男子标志性搭配，且成为重大仪式的盛装。四川省和青海省的藏族人都有戴红缨帽的习俗，这种帽子与西藏腹地的藏人帽式有很大不同，特点鲜明，它所承载的众多神秘信息与兽皮饰边藏袍一样有待我们解开（图5-49、图5-50）。

图5-49　康巴藏族红缨毡帽
（北京服装学院民族服饰博物馆藏）

图5-50　康巴藏族氆氇镶虎皮、豹皮、水獭皮饰边袍服与红缨毡帽盛装的宗教仪式（图片来源：《西藏服饰》）

第六章
白马藏服饰结构的共同文脉与独特性

西藏地域辽阔，藏区分布广泛，藏民的地域性差别决定了服饰形制的多元特征，加上藏传佛教流派纷呈，表现出宗教的传承性和教派文化。但在服饰结构上，藏族与周边民族之间保持着高度的文化交流和认同。白马藏服饰便是藏族服饰中具有代表性的一支。

白马藏族也称白马藏人，本教的传统比西藏地区保持得更纯粹，是一支具有悠久历史的民族，集中分布在四川省北川以北的平武县白马河流域，阿坝藏族羌族自治州九寨沟县的下塘地区，松潘县小河地区以及甘肃省文县的白马峪河一带。其中，四川平武县白马藏族乡和甘肃文县铁楼乡是最大的聚居地。在唐朝时，白马藏人的聚居区受吐蕃所扰，且多数地方一直受吐蕃文化藏传佛教的影响。新中国成立初期被定名为藏族，这与松潘、虎牙等藏民生活区毗邻和相同的宗教信仰、生活方式有关。白马藏人信仰万物有灵，还渗透着西藏本教的遗轨，他们认为一切有生命和无生命的自然之物都有神灵，一切天灾人祸，人间祸福都与山神有关。他们虽然居住在比较闭塞的西南盆地山谷里，且有西南少数民族服饰的基本特征，但受到周围邻近藏族的影响，因而又具有藏族服饰的某些特征。白马藏人作为藏族中独具特色的一个分支，其白马藏袍服本身就是一个很好的研究西南少数民族和藏族文化交融的绝佳标本。在已有文献中因为它的非主流性，关于白马藏袍服的研究很少，正因如此，从白马藏袍服的角度进行研究藏族服饰结构的多元特色，对全面、系统地了解认识藏族服饰结构的继承性和开放性（传统观点认为西藏文化更具封闭性）具有指导意义。

一、白马藏立领偏襟袍服结构研究

白马藏立领偏襟袍服采用保暖性较差、散热性较好的粗麻材质，麻质面料是汉族、西南少数民族常用的服装面料，具有鲜明的地域特色；在装饰手法上与其他藏袍最大的不同就是高度简约，即使在领口、衣襟、袖口等缘饰系统也完全与传统藏袍的华丽、粗犷相悖，表现出细腻、精致、耐看的风貌，但在结构上仍没有脱离藏袍的基本形制而表现出丰富性，很有现代设计的思维。就"断代学"而言，这本身就是个很值得研究的课题。标本结构上前后中破缝，左右衣身前后连裁，各采用一个面料幅宽，拼接大襟，袖子上有拼接，这是汉、蒙袍结构的典型特征，为满足围度需求增加三角侧片，上端腋下插角入袖的结构又是传统藏族服饰结构的典型特征。可见，该白马藏立领偏襟袍服是一件融合了藏、汉、蒙和西南少数民族服饰特色的典型藏袍，具有很高的研究价值。

（一）白马藏立领偏襟袍服的形制特征

收藏于北京服装学院民族服饰博物馆的这件标本，收集于白马藏人聚居区之一的四川松潘漳蜡，根据其外观特征和相关信息，命名为白马藏男式偏襟粗麻袍服。款式为立领，右衽偏襟，这是蒙袍的特点，只是蒙袍早期为左衽，后为左右衽共制。标本前后中有破缝，袖子有接缝，这又很像汉服结构，事实上这与较窄的氆氇织机织就的布幅有关。两侧有前后连裁的三角侧片，三角侧片上端突出的插角伸入袖中，衣身至下摆围度逐渐增大，起到肥腰阔摆的作用。虽然有侧片插角入袖的立体结构，但整体仍保持着中华传统服饰"十字型平面结构"系统的特征。采用了质地比较粗犷、厚实的麻质面料，立领和摆缘虽有装饰但很朴素。其典型缝制特点是：袖子采用了缝份在外、保持内里干净的缝制方法和机缝与手工相结合的制作方式，除了贴边及装饰线为机缝，其他均为手工制作，这与其粗质面料和保持藏袍古法裁剪有着密切关系（图6-1）。

(a) 正面图

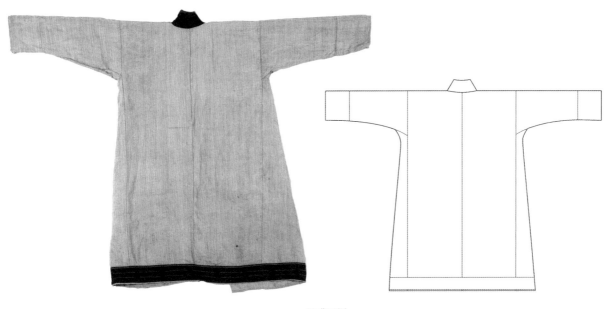

(b) 背面图

图6-1

(c) 领子局部细节   (d) 摆缘饰边细节

图6-1 白马藏立领偏襟袍服及局部细节图（北京服装学院民族服饰博物馆藏）

（二）白马藏立领偏襟袍服结构测绘与复原

首先，从外观上分析，标本的裁剪方法与藏族典型袍服有明显的区别，主要表现为前后中有破缝和偏襟，这种结构特征与古典华服结构相似，但同时又有蒙古族和西南少数民族典型袍服的结构特点。具体表现为：在"连袖三开身十字型平面结构"基础上采用中间破缝和接袖形制。两侧三角侧片上端的插角入袖结构是藏袍独有的，起到袖裆的作用。立领在藏袍中是不多见的（多用在藏式衬衣上）。可见白马藏服饰结构受到了汉族与其他少数民族的共同影响，并且其结构尽量保持整一性，以尽可能不破坏面料的完整性为原则，这是华服传统"布幅决定结构形态"的共同点。

根据从主到次的测量原则，进行主结构、贴边和毛样的测量与复原，由此完成该标本的全部数据信息采集和结构图复原工作，这是我们研究的基础和取得新样本结论的重要依据。

该标本主结构包括立领、衣身和袖子三个部分。立领为高领结构，领高7.6cm，领底有2.7cm的起翘，前端抹角，这和今天的立领结构无区别。领底的起翘使高领更加服帖，达到了更好的保暖效果，同时前端的抹角使脖子、头部的活动更加方便。立领结构分为领面和领里两部分。领面为黑色棉布，领里采用粗麻，并且有小块拼接，由布料边角拼缀而成。为了使两种不同面料尽可能地贴合，同时保持高领的硬度，领里与领面之间用绗缝加固，并选用了与领面颜色一致的黑线，使绗缝从表面看上去非常隐蔽，尽量保持表面的完整性。

衣身结构分为左右片、偏襟和三角侧片，衣身为右衽，前后中破缝，形成左右片前后衣身连裁，在前中加偏襟的结构，衣身左右均使用了一个布幅的宽度，刚好是常规氆氇30cm左右的宽度。三角侧片前后身连裁，长直角边使用布边。三角侧片除了增加通身的围度，其上端尖角有约6.5cm和9.5cm的长度伸入袖中，增加了袖根围度，起到了腋下袖裆的作用，总体上保持了氆氇藏袍的古法结构（图6-2）。

袖子前端有拼接，由于一个布幅的宽度不足袖长，用接袖来满足袖长的需要，并采用与衣身结构相同的丝道，使袖子与衣身连接后呈现出一种视觉的整体感。袖子的缝合采用了"明缝"，先将袖

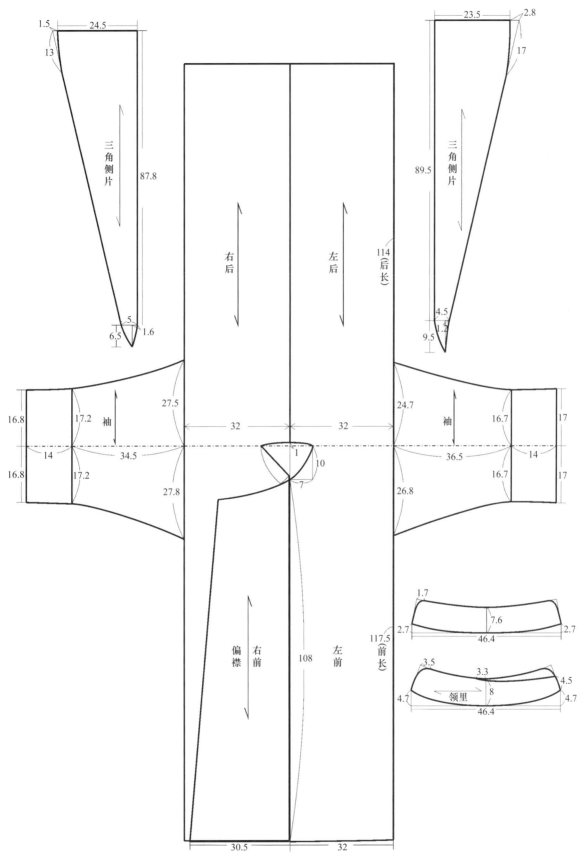

图6-2　白马藏立领偏襟袍服主结构图

155

子面料在正面缝合，即缝份留在外面，再从袖子里面折回固定，与常规缝法不同的是将缝份留在了袖子外面，因为是布边并不需要包缝处理，两袖均是如此，与侧片伸角缝合时，侧片伸角与袖子的连接部位均是缝份在外，可见，缝份在外的缝制工艺设计并非偶然，而是故意为之，这或许与这种独特而复杂的"侧片插角"结构有关（这需要作进一步研究）。根据测绘，衣身围度即是布幅，袖围度也只有51.5～55.3cm，可谓"人以物为尺度"的又一例证。其面料粗糙，硬度较大，由此可推测：明边缝制方法可以减少衣服穿着胳膊活动时的摩擦，更利于运动，且牢固性有所增加。这是一种根据面料、款式而设计的实用性缝制方式，是我们对充满宗教色彩的藏袍结构研究中没有预料到的。这种以布幅决定接袖加入侧片插角的形制，并非体现了立体意识，而是这种衣身与袖子在面料使用上不需要裁剪所体现出的整体感，而汉族服饰的传统结构是需要裁剪的，但它们都没有脱离中华"十字型平面结构"的二维性。在接袖结构上，汉族和藏族服饰没有什么不同，都受布幅的限制，这是华服多元文化中"布幅决定结构形态"的共同诠释，这或许就是"天人合一"传统价值观真实物化的实据（图6-3）。

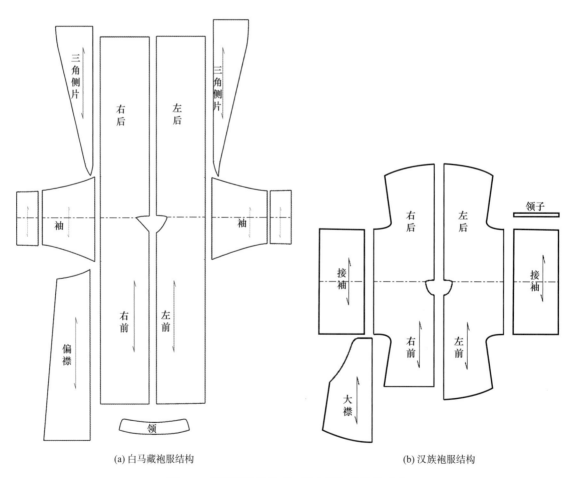

(a) 白马藏袍服结构　　　　　　　　　　　　　　　(b) 汉族袍服结构

图6-3　藏汉服饰结构"一统多元"的物化形式

　　贴边采用明贴边单裁，黑色棉布分布在下摆及前偏襟边缘处，明贴边构成了领缘、摆缘的饰边，宽度为7cm，其中有四条红黄相间的线作为装饰，这些排线除了具有装饰作用外，也有将贴边与衣身面料加固的功用，增强了衣服的耐用性。通过贴边对应的里布缝迹可以看出，上面还残留着机缝时的线头和尾线，整件衣服显得粗糙而随意，这也真实地反映出它不那么尊贵的身份（图6-4）。

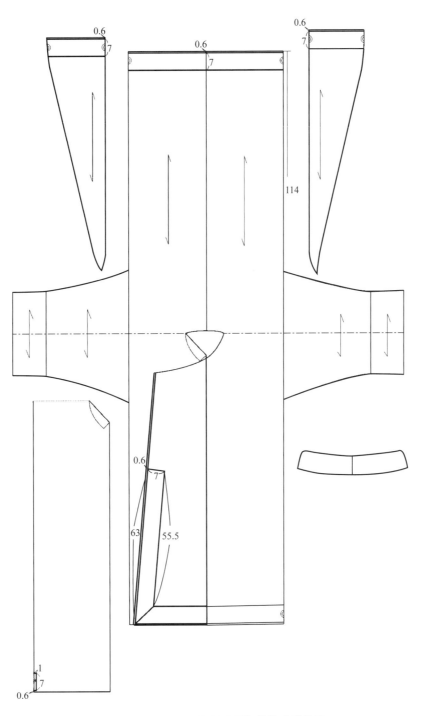

图6-4　白马藏立领偏襟袍服摆缘饰边结构图

毛样的测量与复原是在衣片结构确定之后加上加工用缝份的裁片，得到衣身、袖子、贴边等全部毛样。缝份的大小根据标本的部位和面料情况有所不同。标本在面料使用上非常充分，能够整幅使用的绝不裁剪，这既提高了面料的利用率，又为加工提供了方便。因此标本布边的使用情况很普遍。布边作缝采用了0.3cm的小缝份，面料裁开处缝份也只有0.5cm，且没有进行任何包缝处理，充分利用了该面料质地结实、不易脱丝的特性采用加固缝方法增强牢度。即使是下摆和袖口的包边，缝份也小得可怜，仅有1.2cm，这在缝制工艺上是极有难度的。可见，藏袍"布幅决定结构形态"的节俭意识不仅起到最大限度节约物资的作用，还充分提高了制作者的加工技艺，不断挖掘着他们尽管非富贵的服装也极尽追求节俭而催生的高超工艺智慧（图6-5）。这或许是古老"万物皆灵"宇宙观支配下，对充满神授的物质表达敬畏的结果。

（三）随类赋彩

从白马藏立领偏襟袍服的整体来看，这种结构特点是由面料幅宽决定的，标本没有衬里，其面料缝合时的布边暴露无遗，为幅宽的判断提供了直接证据。通过结构测绘的数据看，衣身前后片分别为一个布幅宽度，即衣身由两个布幅构成，两袖也分别在使用一个幅宽的基础上接袖。可见，布幅在该藏品的结构线分布上起到了决定性作用。只是标本的布边反映出使用的粗麻面料幅宽时大时小，这是手工织布的客观反映（和织布人的臂长及织布手法有关），总体上在30.1~37.1cm间变化。可以想象，麻质面料在手工织造时其松紧控制难度较大，但在成衣制作过程中，麻质面料也被原封不动地使用，并不因为寻求"规整"而去裁剪它们，这就造成了成衣完全不规则的尺寸。这种宁可牺牲形式美感，追求"因材施制"的节俭美学与中国画的"随类赋彩""即白当黑"有异曲同工之妙（参见图6-2）。

二、白马藏偏襟氆氇长袍结构研究

白马藏偏襟氆氇长袍具有浓厚的地域特色，标本为北京服装学院民族服饰博物馆藏品，是藏族氆氇质地服饰的典型代表。氆氇系藏语音译，也叫藏毛呢，为藏族传统手工织造的一种羊毛织物，可以做床毯、帮典、衣服等，是加工藏装、藏靴、金花帽的主要材料，相传有2000多年的历史。氆氇在藏族人民日常生活中所占地位如中原的棉布一样重要而普及。关于氆氇出现的时间，汉藏文史资料中没有明确的记载。廖东凡先生对此作了详细考证，在《年楚河流域宗教源流》一书中有关于氆氇的最早记述，认为在琼则统治的时期（大约11世纪前后），江孜地区生产氆氇和氆氇制品就已非常出名，而且有了相对稳定的氆氇集贸市场，在14~16世纪的帕竹时期，西藏的氆氇生产进入了相对成熟的阶段❶。氆氇为藏族人民特有的手工艺制品，它细密平整，质软光滑，有良好的防寒性，因此作为衣料

---

❶ 廖东凡：《西藏何时有了氆氇》，《西藏民俗》2003年第四期。

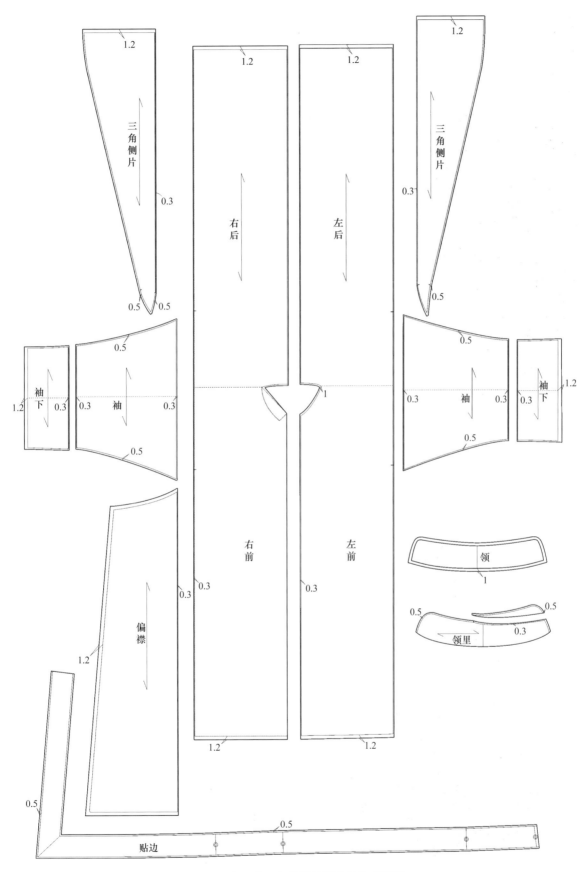

图6-5　白马藏立领偏襟袍服主结构毛样图

或装饰的优质毛纺织物成为藏民日常生活的必需品。氆氇是以西宁羊毛为原料，经纺纱、染色、织造、整理等工序制成。其纬线密度大，每寸（3.3cm）达230根，制成藏袍有良好的保暖防寒性能，不会被雨雪淋透，适应高寒牧区多变的自然气候，成为藏袍从贵族到平民最普遍使用的织物，也就形成了由氆氇幅宽决定藏袍"三开身十字型平面结构"的标志形制（图6-6）。

（一）白马藏偏襟氆氇长袍的形制特征

白马藏偏襟氆氇长袍款式为交领右衽偏襟，从腋下至下摆渐张，整体造型宽襟阔摆，在前襟、下摆（除里襟下摆）、袖口处有红色细绳边，内侧有蓝色条绒面料衬里和贴边，起到加固保型的作用。该藏品的典型特点是里襟长于前襟而露出表面，从面料质地、工艺、形制的不规整和随性处理等因素判断，为20世纪中期白马藏日常女袍服（图6-7）。

图6-6　白马藏偏襟氆氇长袍

(a) 正面图

(b) 背面图

(c) 红色绲边局部

图6-7　白马藏偏襟毪氇长袍外观及其局部细节图（北京服装学院民族服饰博物馆藏）

结构上与白马藏立领偏襟袍服一样，都是典型的"连袖三开身十字型平面结构"系统。标本前后衣片相连，前后中有拼缝，偏襟另接。袖子从袖根至袖口渐收，近袖口处有拼接。工艺为全手工缝制。毪氇面料质地厚重，整体感觉有质感、粗犷、简洁。其拼接方法与皮革拼接手法相似，这种明缝份的拼接手法或许沿袭了兽皮藏袍的传统，它不仅使衣物拼接后表面及内里都平整、美观，同时能够最大限度地利用和节省面料，这是藏族毪氇袍服最具特点之处。

（二）白马藏偏襟毪氇长袍结构测绘与复原

白马藏偏襟毪氇长袍的主结构包括交领、衣身和袖子三个部分。根据纱向和外形特点，可以判断交领结构为完全直领呈矩形，其面料为黑色棉布，衬里与贴边均为蓝色条绒，且都有拼接现象。领面一圈和襟缘、摆缘、袖缘都镶有红色绲条，这种工艺处理在白马藏袍中是很独特的，它的"简约"有20世纪初中原汉文化的遗风。其目的却不相同，主要是起到加固和保护的作用。领子面料与主面料颜色、质地完全不同，再加上一圈红色的绲边，一方面强调领子结构的存在感，是表达精美的一种体现；另一方面，对于像氆氇这样粗犷的面料，放在领部使用容易产生不适感，所以这种用棉布加绲条的做法不仅具有对拥有者的技艺彰明较著的作用，更具有实际功效的考虑。衣身结构以中心线为准，前后相连的左右片各是一个布幅，且因为两个布幅有所差异而中缝并不居中。这种极端敬畏衣料的做法在汉服中是少见的，但在前中缝接偏襟，这是传统汉服的结构特点。两侧加前后连裁的三角侧片，其上端尖角伸入袖中，与白马藏立领偏襟长袍衣身结构形制相同。该标本特殊的地方在于里襟下缘露在前襟之外。经过测量得到左右片的数据，里襟长为123cm，偏襟长为118.4cm，两者相差4.6cm，里襟长度明显长于前襟。从功能和美观的角度来看似乎不符合常理，但它绝不是疏忽，因为氆氇袍服在藏民的生活中具有服饰、铺盖、劳作、携物等多重功能，该标本为白马藏女袍或存特别的功用。至于标本结构特别形制出于那种动机还需要进一步考证（图6-8）。

另外，该标本三角侧片左右不对称是藏袍的常规形制，通过结构复原图中相对应的字母（例如*A*与*A'*相对应）可以了解三角侧片与衣身的结构关系，这种不对称的结构是衣身结构不规则造成的，与前后衣身的长度和接袖线尺寸不规则有关。通过测量得知，前后衣身长度方面，与左三角侧片相连的左衣身为前长118.4cm，后长123cm，是前短后长，而与右三角侧片相连的右衣身前长123cm，后长121.5cm，呈现右前长后短左前短后长；接袖线长度，左袖为64.5cm，右袖为61cm。这种整体结构不对称的情况并非偶然，在白马藏立领偏襟长袍中也是如此。这种衣身结构的不对称和数据的随机性变化对三角侧片提出了适应性需求，同时上端插角的形状也会根据布料的情况有所变化。这种情况在传统汉服结构中是绝不会出现的，充分体现了藏服"人以物为尺度"的自然经济观比汉服结构"物以礼为尺度"的礼教经济观更具有灵活性（图6-9）。

但是，这不阻碍它们之间在文脉上具有共同性。该件标本使用的氆氇面料布幅约为30cm，整个偏襟下摆长38.3cm，因为布幅宽度不足而出现了"补角摆"（2.5cm）现象，这与古典华服完全吻合，它们都是"十字型平面结构"在一个布幅不足时补足下摆尺寸的"妥协"手法。可见，汉民族与藏民族虽然有地域阻隔、文化的差异，但经过上千年的交流融合，在服饰结构的细微之处也存在认同感（图6-10）。

袖子结构由两幅布料拼接而成，观察袖子两端接缝均为布边，正好是一个布幅，接袖大小根据布幅宽窄而定。接袖部分为半个布幅，整个袖子长度左袖为42cm，右袖为44.4cm，相差3.4cm，这个差量刚好通过衣身左宽右窄补齐。结合测量衣身的数据，左衣身所用面料的幅宽为33.5cm，右衣身所用面料的幅宽为30cm，可以得出前后中线至袖口左右长度分别为75.5cm和74.4cm，基本一致（见图6-8）。通袖线全长约为150cm，根据一般身高可推断袖长的经验，这个尺寸约在手腕部。从数据上可以看出，接袖位置是一个客观存在，但选在什么位置是由布幅宽来决定的，它与实际的人体肩部没有关系，袖长的确定以最终满足人体左右对称为原则。这进一步印证了该袍服中袖子接缝结构看似依据人体实为坚守着"布面决定设计"的观念，这是大中华服饰"十字型平面结构"共同基因多元表现的一个真实生动的例证（参见图6-9）。

白马藏偏襟氆氇长袍的内贴边结构的整体风格简约无华，外缘绲边没有任何装饰，内贴边主要起加固和包覆毛边的作用。通常贴边方式有分裁和连裁两种，该标本采用的是分裁方法。因为分裁主要是为了充分利用边角余料，因此这种方法在藏服裁剪中被广泛应用。它作为一种形制特点及工艺特征，成为判断藏服属性的重要标志之一（图6-11）。

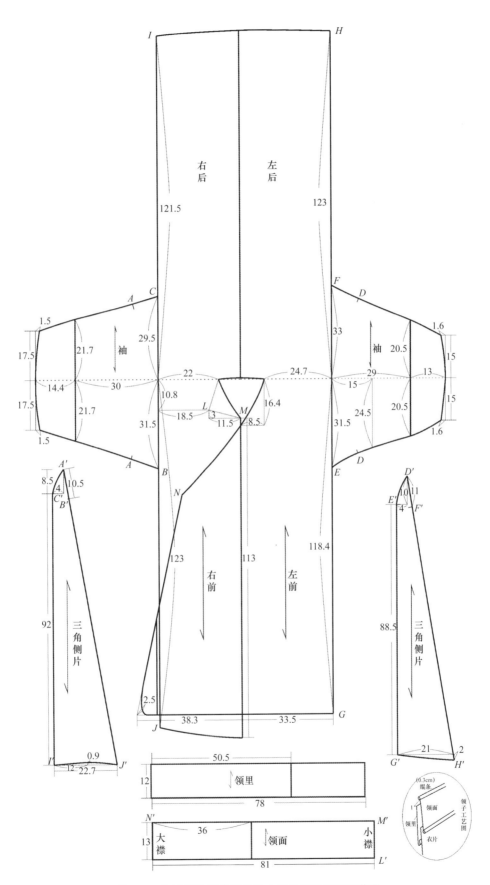

图6-8　白马藏偏襟氆氇长袍主结构图及领子工艺图

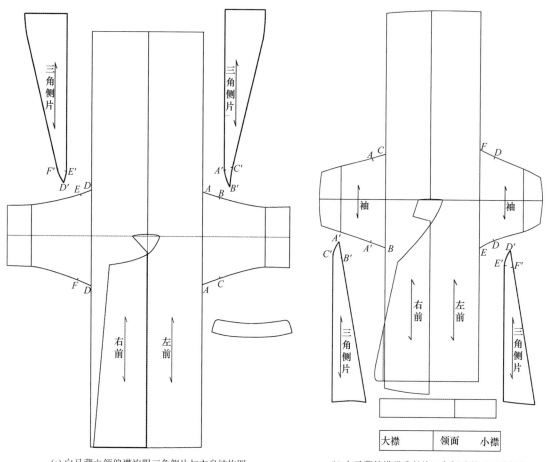

(a) 白马藏立领偏襟袍服三角侧片与衣身结构图   (b) 白马藏偏襟毪氇长袍三角侧片的不对称结构

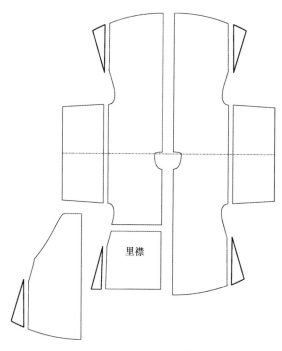

(c) 汉袍结构的整齐划一与补角摆

图6-9　三种不同袍服的三角侧片与衣身关系示意图

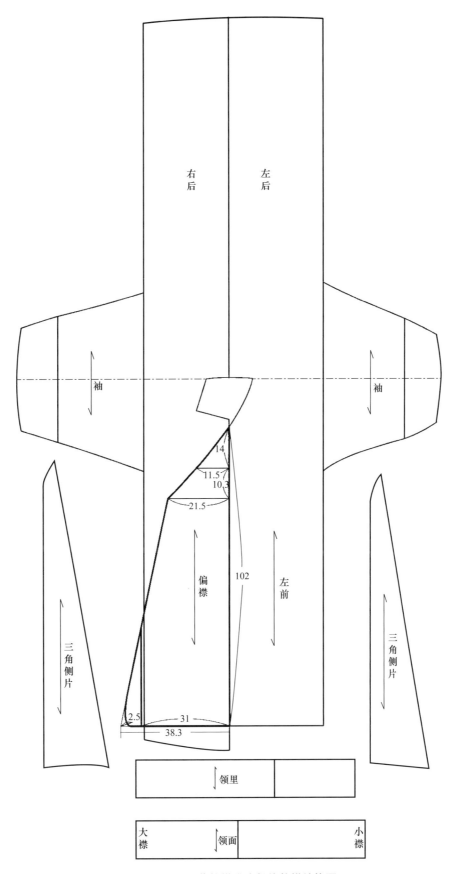

图6-10 白马藏偏襟氆氇长袍偏襟结构图

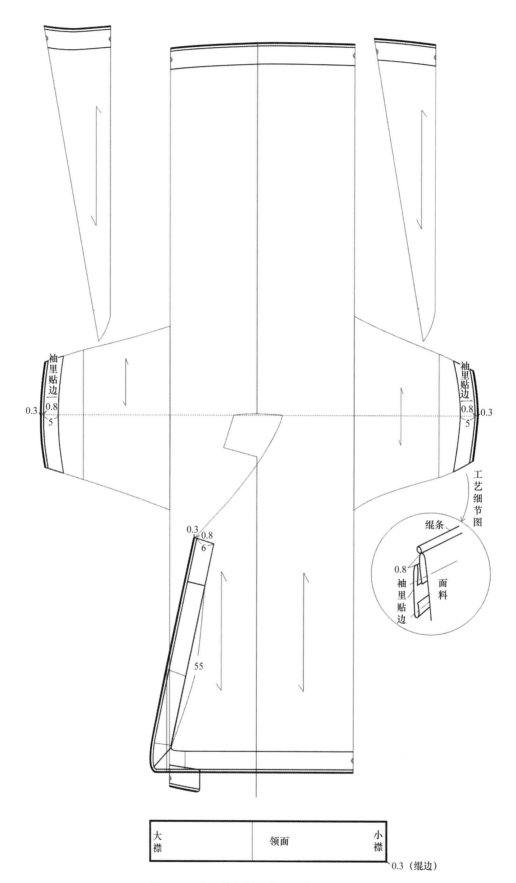

图6-11　白马藏偏襟氆氇长袍内贴边结构图

　　由于该标本采用的拼接方式是明缝份工艺，可以直接测得其布幅的使用情况，在裁剪上与白马藏立领偏襟长袍结构相似，也称得上是"布幅决定结构形态"的典范。通过复原结构图复核，前后中线处及衣身与袖、三角侧片连接的位置均是布边。除去拼接的面料部分，袖子两端也是布边，可见衣身前后的左片和右片、袖子的主面料均是一块完整布幅。根据布边可以判断布幅的宽度在30~33cm，左袖和右袖主面料布幅分别是29cm和30cm，整块面料幅差在4cm左右，可见该氆氇面料的幅宽是有所不同的，这与白马藏立领偏襟长袍的面料幅宽变化情况相似，其幅宽在32~36.5cm，幅差在4.5cm左右。可见面料在织造过程中有幅宽的不同，证明了它是手工织布时代的产物，布幅会受到织布者左、右手力度和臂距及织机宽度的直接影响，当然也不能排除在加工过程中对面料产生的拉伸导致的变形。因此在复原测量中，布幅数据的轻微变化对结构本身是没有影响的，可以认定该标本所使用的氆氇面料幅宽在30~34cm之间。结合白马藏立领偏襟长袍的面料幅宽可以初步推断，这种窄幅织机织出的面料幅宽在30~36cm之间变化。

　　就标本而言，通过其面料、工艺、装饰风格等方面综合分析，可以推断该标本为民间常服。在面料上选用了质地较粗的氆氇，粗糙的氆氇本身就是平民的表征；在工艺上，针迹不够均匀、贴边的分割及其与衣片外缘距离的变化都与汉族女子服饰的"讲究"格格不入；在装饰上，除了衣缘处兼有功能性的绲条外，没有采用像康巴藏袍那样华丽的边饰手法，展现了白马藏族民间服饰的朴素特征，这给我们认识藏族服饰结构不追求"规整性"和装饰形制的地域性提供了佐证。下面标本的研究或许能够提供更具价值的发现。

三、从白马藏袍结构研究看藏族袍服的原生结构

　　如果说白马藏立领偏襟长袍和白马藏偏襟氆氇长袍的结构形制更趋向于藏汉传统服装结构融合特点的话，本节所采集的黑色斜纹布女藏袍和深棕色丝质团花男藏袍结构则表现出更加纯粹和本色的藏袍传统。前两个标本所表现出的汉服结构特征主要是在前后中破缝，偏襟部分通过右衽大襟的裁法在前中缝拼接；后两个标本则采用完全相反的手法，因为没有前后中缝，大襟部分只能左右连裁，里襟部分无法连裁，通过领口到左腋下断缝单独裁出里襟，领口形状通常采用左右不对称形式。最奇妙也最具藏袍原生结构的是，两个标本在裁里襟时与侧摆一并考虑，并在腋下处理成"深隐式插角"，右侧通过补充的三角侧摆延伸出插角结构入袖，这在中华传统服饰"十字型平面结构"谱系中独树一帜，可以确立为这个系统中自成体系的标志结构类型。

（一）黑色斜纹布女藏袍的深隐式插角结构

　　黑色斜纹布女藏袍由北京服装学院民族服饰博物馆于1991年收集于四川松潘漳蜡，其缝制采用手工和机缝相结合的工艺，为20世纪初传世品。通过其面料、制作工艺可以推断为民间常服。该标

本为交领右衽大襟，领口和袖口有窄贴饰，前襟和下摆缘有宽饰边，饰边色彩鲜艳分五色，边缘有"十"字纹。整体上肥腰阔摆，袖子较长，至袖口处渐收。结构上前后中没有接缝，前后衣片和大襟连裁，里襟分裁，且采用外襟长、里襟短的形制，里襟和右三角侧片连裁形成插角伸入袖中的"深隐式插角结构"。左侧采用前后连裁的三角侧片。面料采用黑色斜纹棉布，质地轻薄，应该是夏季穿着的袍服。标本有贴边，无衬里，为进行工艺和幅宽的认定提供了便利（图6-12）。

(a) 正面图

(b) 背面图

(c) 腋下深隐式插角细节

图6-12　黑色斜纹布女藏袍标本及腋下深隐式插角细节图（北京服装学院民族服饰博物馆藏）

标本衣身前后片连裁，在测绘过程中根据标本暴露的布边状况可以判断是使用了一个布幅。大襟下摆最大宽度为80cm，已经超出了布幅，这说明大襟最宽处有"补角摆"，只是因为前后都有很宽的贴饰被掩盖，这种情况在白马藏偏襟氆氇长袍结构中出现过（参见图6-10）。通过对其内部结构的观察，以上判断得到证实，在大襟衣角的内贴边下发现有宽度约2cm的拼接，结合白马藏偏襟氆氇长袍偏襟的拼接可以判断，"补角摆"形制不只是汉族服饰的专利，它是华服"十字型平面结构"系统"布幅决定结构"的必然结果。标本领子结构平直，外形呈矩形，领子较高，宽度为16cm，属于高领，这是藏族交领设计基于防护的共性。这不仅有利于排料、省料，还能满足高领挡风、保暖的功能性需求。标本的袖子结构很独特，左右袖子的主体结构均由两片组成，长度正好是两个布幅。袖子结构的整体形状由接袖缝至袖口渐收，左右袖下拼接形状各异，且袖口有弧度。经过对其结构的分析，袖子的分片拼接处理没有任何结构设计作用，是单纯的拼接，可视为充分利用面料的一种"节俭动机"，而且其拼接的位置小片都是在底部，比较隐蔽，能够很好地保持袖子主体视觉效果的完整性。这是藏袍在追求衣身表面完整性（美观）和节约面料两个方面经过权衡做出的权宜之计，布料的分割拼凑是为了节约面料，并不是以放弃完整性（美观）为代价，这是一种充满智慧的妥协，这种妥协体现了"物以致用"的朴素审美观，值得今天倡导低碳的我们思考（图6-13）。

标本里襟设计是藏袍结构很有特色的地方。由于整布幅连裁大襟迫使里襟从领口至左侧腋下分裁，这种情况在20世纪中叶古典旗袍中就是著名的"裁大襟"。汉服到20世纪开始出现曲腰收摆无中缝旗袍的过渡时期结构，也就出现了"裁大襟"技术，即大襟和里襟共用一条大襟线分别处理，接缝追求严丝合缝，而藏袍有很宽的交领可以无所顾忌。接缝从领口到左腋下断开，里襟的前中为布边，这样就可以不做任何处理。里襟结构这样处理的最大玄机是，在腋下部位设计成插角伸入袖中，与后片直接连接。从结构角度来看，衣身左右呈现出不对称状态，大襟一侧有三角侧片，上端插角伸入袖中并与后三角侧片连裁，里襟一侧和三角侧片形成一个整体。通过左右衣片形状及测量数据的对比得到证实：里襟和三角侧片是一个合并结构，是将里襟与三角侧片结合裁剪，因此两边插角的结构不同，但功能一致，即出现了左右形制不同的"深隐式立体插角结构"（图6-14）。

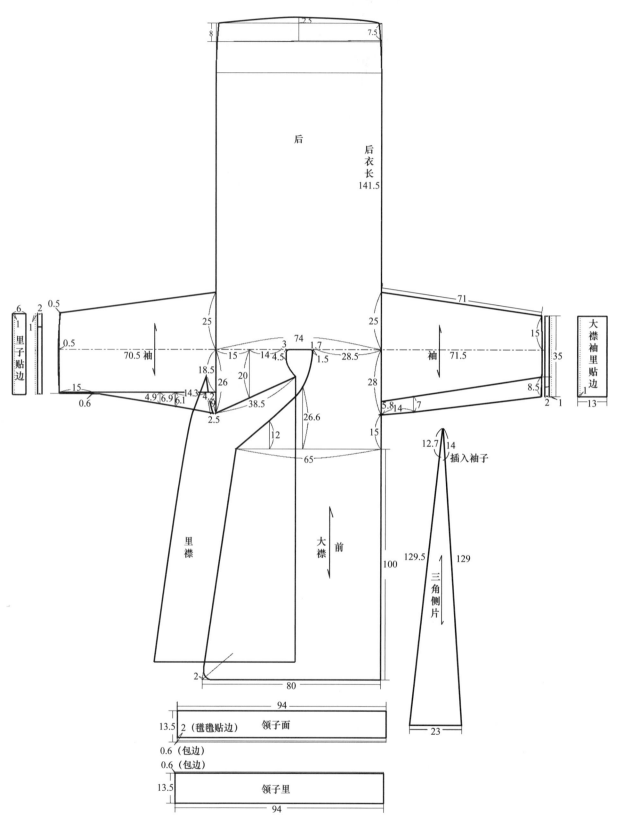

图6-13 黑色斜纹布女藏袍主结构图

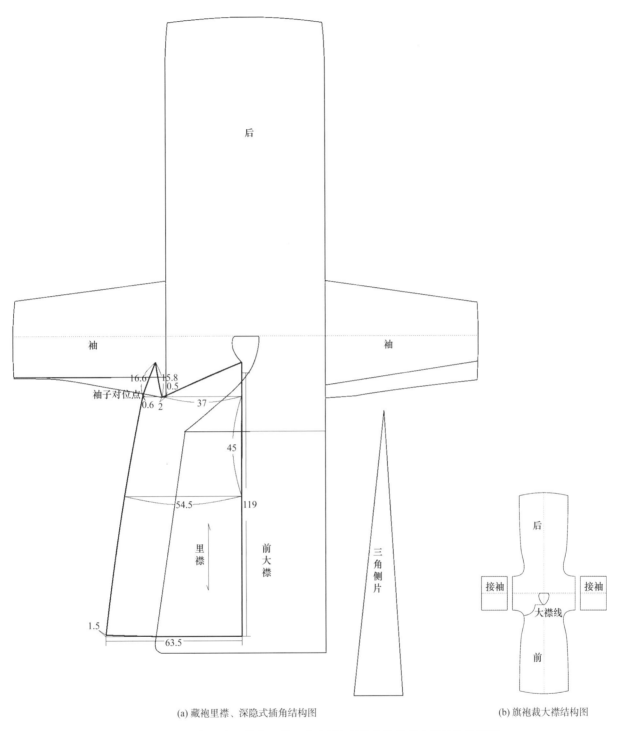

(a) 藏袍里襟、深隐式插角结构图 　　　　　　　　　(b) 旗袍裁大襟结构图

图6-14　黑色斜纹布女藏袍里襟深隐式插角结构与旗袍裁大襟结构比较图

外贴饰和内贴边结构主要起到加固和包覆毛边的作用。外贴饰相对于内贴边的功用除了加固和耐用之外，还有纹章的标识作用（"十"纹的宗教属性）。该标本的外贴饰色彩丰富，从内向外由6部分拼接而成，黄条1cm、红条6.6cm、绿条6.8cm、紫条3.2cm、氆氇边4～4.5cm、绲边0.5cm，分布在大襟边缘和下摆处，通过分裁的方式拼接而成。这其中还含有更多的人文和宗教信息值得探究（图6-15）。

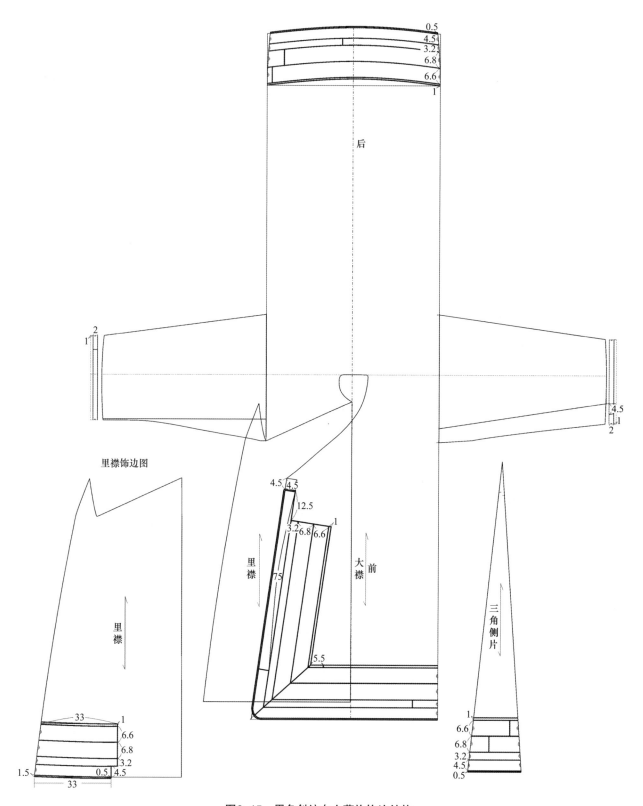

里襟饰边图

图6-15 黑色斜纹布女藏袍饰边结构

（二）深棕色丝质团花男藏袍的深隐式插角结构

相比黑色斜纹布女藏袍，深棕色丝质团花男藏袍从形制、工艺到面料都透露出一种贵族气息。在旧西藏，贵族生活都以崇尚像上海、广州、天津等沿海发达城市的汉人贵族的生活方式为标准，在男人服饰中最具代表性的就是丝绸和团花图案。这件标本最具典型性，其结构特征保持着传统藏袍的纯粹性，与黑色斜纹布女藏袍相同，都具有深隐式插角结构。

该标本款式为交领右衽大襟，衣身外缘从领口至下摆及袖口均有1.4cm的彩条氆氇绳边缝缀，很有汉藏合璧的味道。从整体风格来看也受传统汉服的影响，该标本的合体度较高，直腰阔摆，接袖线至袖口渐收。结构上，前后衣片连裁，中间无断缝，里襟和三角侧片连裁形成深隐式插角结构与后片、袖子连接。左右接袖对角线腋下有三角拼接。整体有衬里，内有贴边。面料为深棕色丝质织物，团花图案规整，质地轻薄，所用同色系丝缎纹织造。衬里所用布料结构规整。工艺为全手工缝制，针脚细密。其贴边、绳条宽度一致、规范，做工严谨细腻，是一件难得的白马藏贵族男子夏季长袍精品（图6-16）。

(a) 正面图

(b) 背面图

图6-16

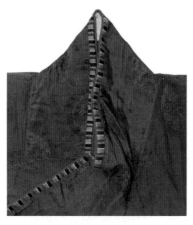

(c) 交领右衽大襟细节   (d) 团花纹细节

图6-16　深棕色丝质团花男藏袍标本及细节图（北京服装学院民族服饰博物馆藏）

　　对该标本进行全息数据采集和结构图复原获取了可靠的一手信息。该标本结构图包括面料主结构图、里襟结构图和衬里结构图、衬里里襟结构图及贴边结构图。

　　衣身面料主结构测绘，衣身前后片使用连裁的一整块面料，是藏袍最经济和普遍的裁剪方法，一般会将前后衣身的宽度使用一个布幅，不足部分通过拼接侧摆实现。标本前后衣身的宽度约为66cm。通过袖子与衣身面料团花图案的纱向比较，发现它们用的丝道是一致的，即袖子和衣身的丝道同为竖丝，袖片的长度约74cm，这表明该面料的幅宽是74cm左右，可见前后衣身所使用的面料是经过裁剪的，这或许与团花图案合理安排有关，也表现出贵族服饰的讲究。但这并不意味着贵族服饰的制作没有节俭意识，从左右袖不对称的腋下三角拼缀就很能说明问题。通过袖片的模拟裁剪过程发现，这种几乎是零消耗的结构算法，在藏袍中成为标志性的"单位互补算法"对整体外观的影响却可以忽略不计。这或许是中华民族服饰古老而成功的"节俭美学"范式（图6-17）。

　　这件深棕色丝质团花男藏袍标本的其他细节结构设计也渗透了这种节俭算法。如里襟前中为布边，这样可以不做任何处理。里襟结构处理与黑色斜纹布女藏袍相同，采用"深隐式插角结构"，结构机理表现为里襟插角入袖的结构特点，采用里襟与三角侧片合二为一的裁剪方式，将里襟与三角侧片连成一体而形成深隐式插角结构。该标本在合体与活动相结合的结构方面做得更加深入。为了使衣身与袖子连接的下凹部位更加合体，插角与衣身连接处通过收省的方法来解决不服帖问题，从结构的简化和收省的结构处理看藏袍是否受到西方服装立体结构的影响还需要考证，但"十字型平面结构"的主体并没有根本改变。值得研究的是，如果把连裁三角侧片的里襟、单独三角侧片和领子裁片通盘考虑裁剪的话，也充满了零消耗节俭算法的智慧（图6-18）。

　　里料包括大襟衬里前后片、大襟侧袖里和小襟袖里三部分。采用了前后衣身连裁，三角侧片与袖相连和里襟衬里单裁的方式。整体里料主结构规整，这在藏族袍服中是不多见的，这与衬里料相对丝缎不够名贵有关（图6-19）。

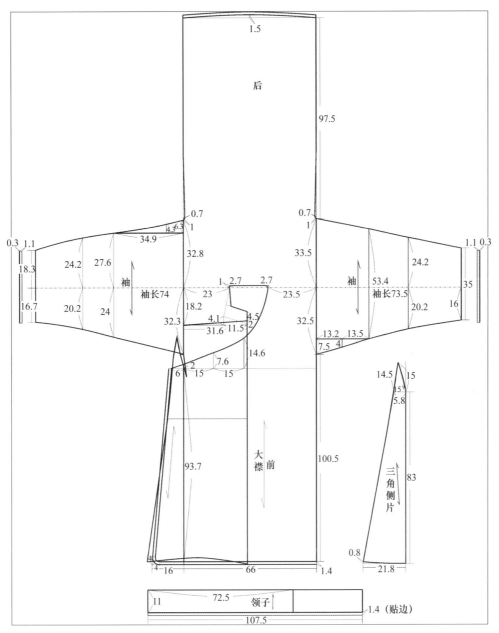

(a) 主结构图

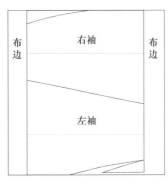

(b) 左右袖片零消耗的"单位互补算法"

图6-17　深棕色丝质团花男藏袍主结构图

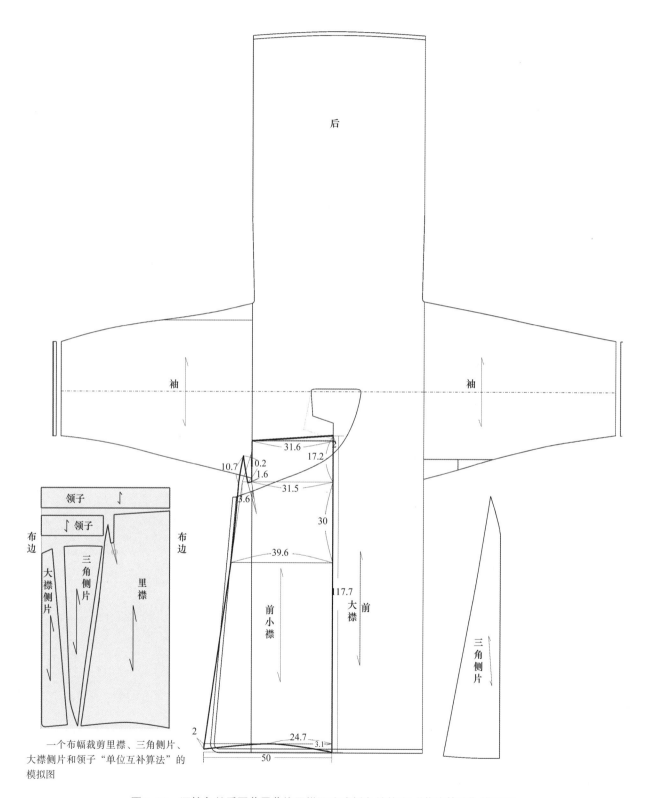

后

袖

袖

领子

领子

布边

布边

大襟侧片

三角侧片

里襟

10.7

0.2

1.6

31.6

17.2

5.6

31.5

30

39.6

前小襟

17.7

前大襟

三角侧片

2

24.7

3.1

50

一个布幅裁剪里襟、三角侧片、大襟侧片和领子"单位互补算法"的模拟图

图6-18　深棕色丝质团花男藏袍里襟深隐式插角结构和"节俭算法"模拟图

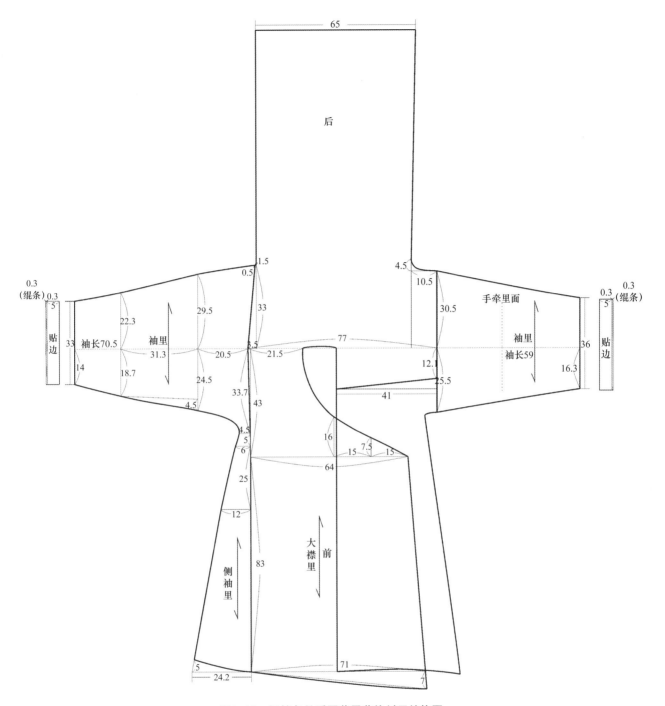

图6-19　深棕色丝质团花男藏袍衬里结构图

衬里里襟结构承接主结构的裁剪方式，衣身与袖连裁至袖子接缝处，但与袍服衣身面料结构相比被简化了，"深隐式插角结构"的消失说明了这个问题，也证明了它并非出于立体结构的动机。里料的最大用料宽度为肩部77cm，说明里料的布幅大于面料，这也和今天布幅里料大于面料宽度的规律一致（图6-20）。

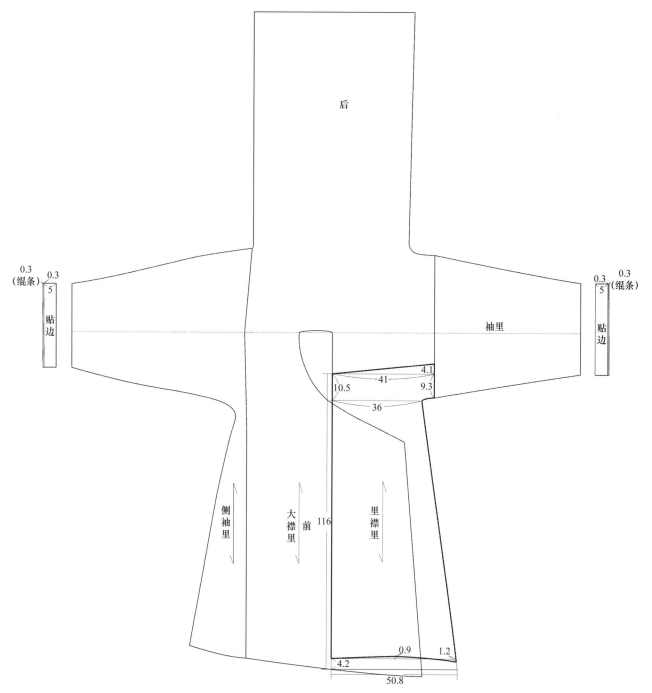

图6-20 深棕色丝质团花男藏袍衬里里襟结构及贴边结构图

（三）藏袍深隐式插角结构的思考

自古以来，中国传统服饰中的"十字型平面结构"系统从来就没改变过，就像汉字结构的"象形"系统从来没有改变过一样。因此就走了一条"轻裁剪重技艺"的道路。然而这并不意味着中华传统服饰文化中没有"立体意识"，这和中国"避人性彰人伦"的天人合一观有着千丝万缕的联系，而是采用了一种道家式的深隐精妙多维的表达方式。在这一过程中不乏"平面塑造立体"的点睛之笔，在先秦两汉时期出现的"小腰"结构与今天的"袖裆"结构具有异曲同工之妙，可它出现在两千多年前的中国。今天我们从传统藏族袍服结构中发现的这种"深隐式插角结构"与其说是受西方服装立体结构的影响，不如说是中华远古服装结构的活化石。因为，这种"深隐式插角结构"始终没有脱离"十字型平面结构"的中华服饰结构系统，它的结构机理也是在这个系统下实现的，而不是西方"分析的立体结构"环境。现代意义上的袖裆技术出现不过百年，然而藏袍"深隐式插角结构"将侧片插角入袖的精妙结构在清代藏袍中就已普遍运用。所谓"深隐式"，是在"重道轻器"的中华传统文化中不适宜被大张旗鼓地使用，先秦服饰"小腰"的出现，在后朝各代便无影无踪。对传统藏袍结构的发掘，让我们对传统华服的"十字型平面结构"有了新的认识，因为藏袍"深隐式插角结构"在功能上与先秦的"小腰"有着相同的功用。它将侧片与袖衩连接在一起，增加了袖围和腋下松量，更重要的是对于袖围松量较小的袍服，侧片入袖相当于做了一个腋下"袖裆"，更有利于胳膊的活动。同时，在加工技艺上，加入"插角"使腋下过急的转角变得容易处理（图6-21）。它的"隐逸避世"或许是个"格物致知"的深刻命题待我们开启。这种巧妙而颇具技术含量的立体造型思维必须在平面的环境下去实现，这在当今的高等服装教育中也是作为高级课程来传授的。它通过平面结构表现出"深隐式立体"的特点，即使是在古典汉服结构中也见所未见，体现了藏族先民的大智慧，或许还隐藏着中华服饰古老结构形态已消失唯在藏袍结构中保留的古老信息。

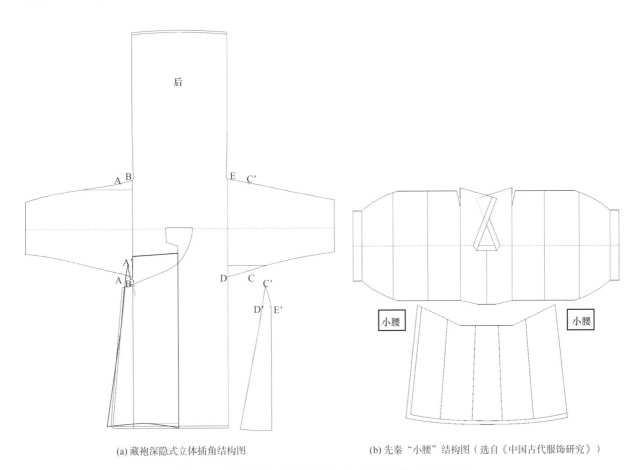

（a）藏袍深隐式立体插角结构图　　　　　　　　（b）先秦"小腰"结构图（选自《中国古代服饰研究》）

图6-21　藏袍深隐式立体插角与先秦"小腰"结构的比较

第七章
藏族服饰结构现代化的思考

青藏铁路的开通，无疑加速了藏族社会现代化的进程，藏族传统文化从面貌到内涵都在发生着变化，藏族服饰作为记录藏族历史、文化变迁和生活方式的有效载体，一种情况是"传统"慢慢被"现代"取代；另一种情况就是传统的蜕变。就服饰而言，就是能不能对其结构的坚守。仅从本章研究的北京服装学院民族服饰博物馆馆藏的两件藏族上衣来看，其从外观到结构都表现出明显汉化的特征，主要表现为衣长减短、前后中有破缝、拼接大襟和"深隐式插角结构"的消失，其中衬衣标本更是完全采用了现代化的立体结构，原始的本民族深隐式插角结构已经走向消亡，更可惜的是这种记忆已经在现代生活方式中慢慢消失了。这里通过对两个标本结构的测绘与系统整理，渴望找到这些民族服饰中真正属于自己的部分，为那些已经或将要走进历史的民族瑰宝做些抢救、传承的努力和记录。

一、藏族黑色男上衣结构测绘与复原

相对于藏袍，上衣是一种平民化的服饰，主要是便于活动与劳作。进入新社会后，它逐渐成为一种大众色彩的藏族服饰，被广大劳动人民所喜爱，通常情况它与交领藏袍配合使用（图7-1）。

藏族黑色男上衣款式为立领，右衽大襟，衣长至臀部，袖长可盖住手背，直腰身，整体形制平直；扣襻3粒，领子和大襟有贴饰，立领和领口之间用绳边连接；衣身结构为单层，只领部有衬里。在缝制结构方面，由于布幅较窄前后中有破缝，拼接较多。在工艺上，为手工缝制，主要以平缝为主，对面料进行拼接处理（图7-2）。

通过标本全息数据采集和结构图复原，发现其工艺及贴饰处理比较粗糙，除了领子和大襟的贴饰外，没有其他装饰，整体比较简约。从这一点上可以看出该标本是一件平民上衣。在用料上，衣身利用幅宽拼接，采用平缝工艺拼缀。因为没有衬里，为我们提供了判断面料幅宽的有利条件。通过测量发现，从衣身、大襟到袖子共用了九个布幅的拼接，面料幅宽约为22.2cm。衣身以前后中线为准左右各使用了一个布幅。大襟用一个布幅，不足部分用裁侧片剩余料补齐。左右侧片采用前后连裁并增加围度、摆度，这是藏服标志性的结构，从标本侧片上端"剑形"的特点，还可以看出"深隐式插角结构"的衍化痕迹。袖子的

图7-1　上衣比袍服反客为主的藏民服饰形态（选自《中国藏族服饰》）

拼接位并不是衣身与袖分离的位置，这是藏族服饰严格遵守"布幅决定结构"的必然结果。该样本肩宽为两个布幅的宽度44.4cm，这个数据不一定正好是肩位，穿着者的实际肩宽无非小于、等于或大于幅宽这三种情况，但无论是哪种情况，它都是受制于幅宽，接袖位置不会因为实际的肩宽而发生改变，重要的是"人以物为尺度"，充分利用布幅成为先决条件。另外，通过袖与侧片的连接继续增加

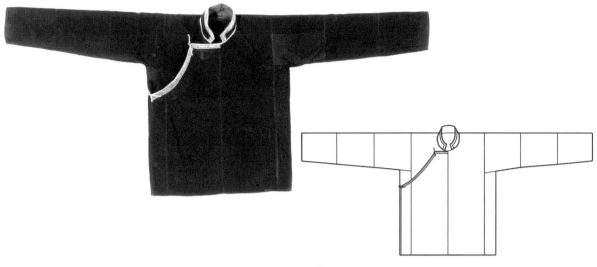

(a) 正面图

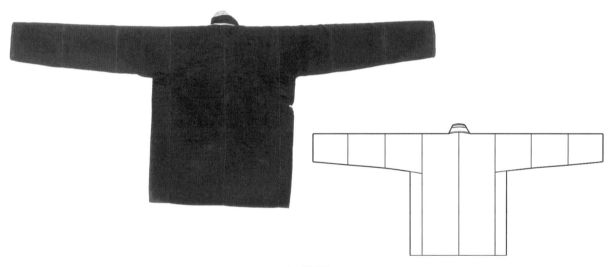

(b) 背面图

(c) 领子细节

图7-2　藏族黑色男上衣标本及细节图（北京服装学院民族服饰博物馆藏）

整个衣身的围度，真正的袖腋底是接在侧片上，这仍然是"深隐式插角结构"的基本原理，只是插角入袖的程度减弱了，衣身的围度是在一种不确定的状态下呈现的。或许这种结构从复杂走向单纯也是符合逻辑的，因为对于藏袍的宽松结构来说，衣服与人体的关系本身就是一种模糊状态（图7-3、图7-4）。这样看来，"敬物尚俭经营"传统的坚守既是客观的需要，又是精神的慰藉（对神赐的事物应存敬畏）。

通过对该标本结构的测绘与复原，可见其前后中线断开，左右各是一个幅宽，拼大襟，立领的结构明显是受到了汉族服饰结构的影响，同时又保留了藏族服饰侧片至腋下、接袖的特色，是一件汉藏合璧的服饰。可见，汉藏文化进行着不断的交融，而汉文化作为一种先进、强势文化不断被有力地传承与借鉴，影响到藏族服饰，使之越来越变得不那么纯粹，这很值得深思。

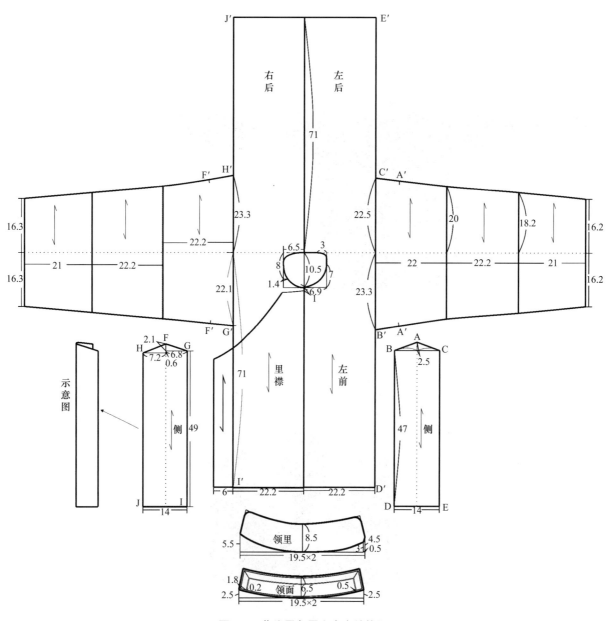

图7-3　藏族黑色男上衣主结构图

184

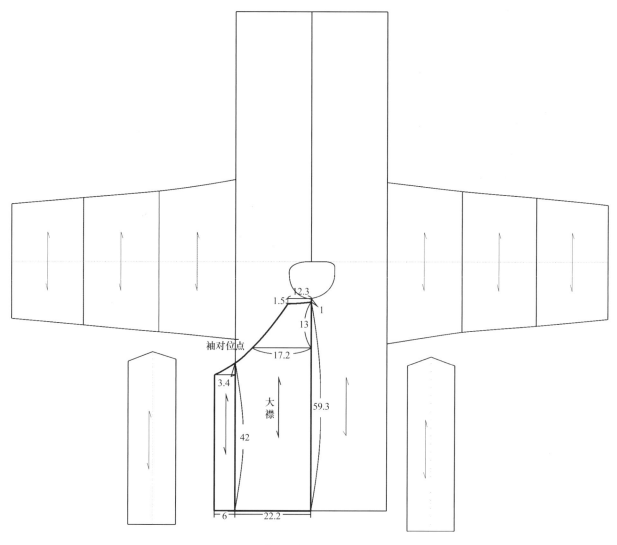

图7-4 藏族黑色男上衣大襟结构图

二、藏族茧绸男衬衣结构测绘与复原

　　衬衣是藏民的内搭服饰，穿在袍服内，由于夏季炎热，藏袍脱一袖的穿着方式使衬衣常常露在外面，形成了领口、袖口精致工艺的特色，在藏服中非常普遍。其在结构上与藏族黑色男上衣类似，仍未脱离华服"十字型平面结构"系统（图7-5）。而选取研究的藏族茧绸男衬衣则完全不同，为现代立体结构，只有领襟、袖口的五彩饰边还保留着藏族的传统。标本采集于四川省甘孜藏族自治州石渠县，现存北京服装学院民族服饰博物馆。

　　藏族茧绸男衬衣为套头式立领，呈分身分袖的立体结构。这种完全西方化的结构形态，颠覆了"十字型平面结构"的中华传统，采用机缝工艺，制作年代较近，其研究价值大打折扣，但通过对比可以领略到藏服从平面结构走向立体结构、从传统走向现代所发生的转变。

图7-5 穿着衬衣的藏民

　　标本款式为立领，领中至胸部有小开襟，开襟上有3粒扣襻，直腰身，衣长至臀部，下摆前后均抽掉约5cm的横向丝线形成流苏作为装饰。肩部有斜度，说明有肩缝前后分开。衣身与袖子为立体结构，衣身有袖窿，袖子为有袖山的一片装袖，袖口设克夫（袖头），一粒袖襻，前后有6个褶。领子、前中开襟及袖头处均有饰边。饰边由红、蓝色相间的金丝缎制成，中间用硬质金绲边作为间隔，这种五色饰边是藏族服饰仅存的语言元素。工艺制作精细。立领和袖克夫硬挺有型，实物整体感觉精致素雅，有哈萨克遗风（图7-6）。

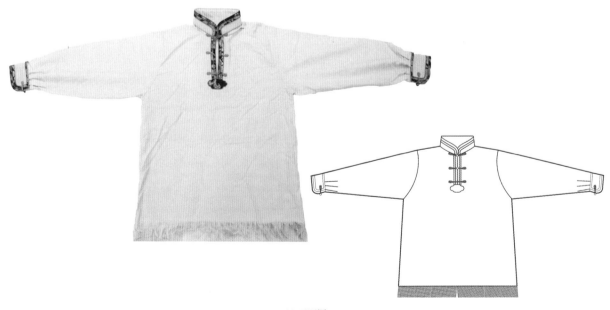

(a) 正面图

186

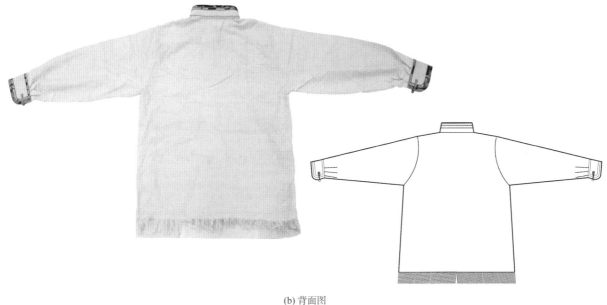

(b) 背面图

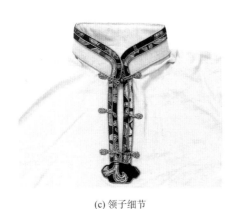

(c) 领子细节

图7-6　藏族茧绸男衬衣标本及细节图

　　根据标本的结构特色和分布情况，将标本分为前片、后片、袖子、领子四个部分进行结构数据采集和测绘。由于该样本质地轻薄，且有压痕、褶皱等，将其固定在测量台上，进行精细、准确的测量，以确保获得该样本的真实结构数据。

　　该衬衣的立体结构主要体现在对连身连袖"十"字型平面结构的颠覆，变成了分身分袖的立体结构，或者说在"人以物为尺度"思想氛围中出现了"物以人为尺度"的观念与行动。当然这一定不是传统藏族服饰结构形态的主流，但对它的研究很有意义。这种"拿来主义"很像"中山装现象"，因为现实需要它。西方的立体结构对人的适应与呵护让传统藏服望尘莫及。藏族茧绸男衬衣采用了几乎完全丧失原生的西方立体结构。标本衣身前后片是分开的，在肩部形成了约19°的肩斜度，与正常男性肩斜度刚好吻合，说明该衬衣在肩部是合体的。衣身结构出现了袖窿与袖山配合塑造肩部造型，这在传统藏服结构中是不存在的，通过测量包括袖窿、袖山高、胸围在内的一系列数据可知，该件衬衣整体上处于立体状态。前后领开深比例到位，立领采用平直结构（图7-7）。

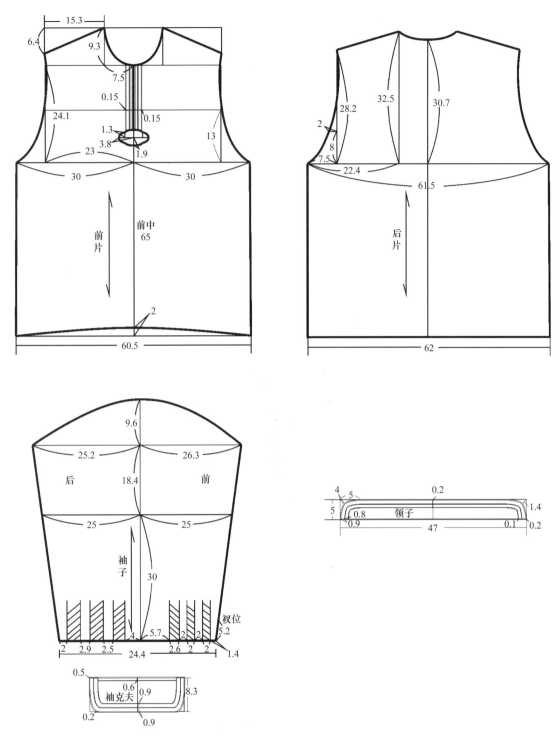

图7-7 藏族茧绸男衬衣主结构图

藏族黑色男上衣和藏族茧绸男衬衣体现了藏族上衣结构由平面到立体的结构变化过程，从二维的"十字型平面结构"走向了三维的立体结构，是服饰现代化的表征。但我们看到民族的传统精神仍然屹其中，表达着鲜明的民族个性，或许这就是我们今天看到的藏族服饰——已经被其他民族影响、被西方立体结构融合了的藏族服饰。这也是让我们不得不感到担忧的地方，表象的东西一天一天的壮大起来，民族本质的结构特色、民族文化中精髓的东西一天一天的被削弱，像"深隐式插角结构"已经消失了，如果在结构上再全盘西化，必然会让民族服饰精髓丧失它的本真性。长此以往，民族文化的精华将消失殆尽。这不应该是现代化的必然和初衷，而恰恰相反，现代化的特质，无论是学术还是国民的共识，都应该是对传统的敬畏、保护和传承。这其中"敬畏"是前提，只有对传统心存敬畏之念，才会激发出对传统保护传承的智慧、技术和行动。

三、藏族服饰结构现代化的思考

通过对藏族黑色男上衣和茧绸男衬衣的结构研究，并与藏袍原生态的典型结构进行对比，我们发现藏族社会在走向现代化的过程中，表象的东西因为经济的原因，保存的时间可能会更长，让人担忧的是，"文化"越来越成为"经济"的噱头，这样的传承时间再长也会大打折扣。服饰结构发生转变则是灾难性的，这意味着它的基因消失了。

藏族文化随着与外界交流的扩大，不断受到其他少数民族尤其是汉族文化的影响，服饰结构出现了明显的"现代化"状况，比如"连袖三开身十字型平面结构"的变异、"深隐式插角结构"已经发生了蜕变，甚至可以说走向了消亡。民族服饰特色的不断削弱不是出现在文化交流上，也不是出现在现代化上，而是出现在对传统的态度上没有了"敬畏"，在机制上缺少有效的手段，这引发了我们对藏族服饰结构传承的思考。

（一）深隐式插角结构的史学意义和文献价值

现代藏族服饰结构呈现出三维立体结构逐渐取代二维平面结构的趋势，这虽然不可避免，传统藏袍的二维平面结构形态终归会进入历史，但我们的研究不能走入历史，特别是那种文化精华必须通过不停地研究并将其成果加以记载才能有效地传承。藏袍传统的"深隐式插角结构"是其原生态的典型结构，是藏族所独有的，甚至在人类服装史上也是独一无二的，但没有任何文献记载，更没有权威的研究成果。它的机理表现为侧片伸角入袖和里襟与侧片结合上端伸角入袖，通过它前后片缝合后在腋下形成一个立体造型，相当于战国楚墓锦袍结构中的"小腰"，这是个重大发现（参见图6-21）。藏族黑色男上衣侧片的这种结构虽退化了，但同样起到连接前后片的作用，也能够增加腋下松量，但它已经完全转化成了平面结构，其结构虽然满足了衣身围度的需求，但从衣身到袖子的连接生硬而简单，与其相比传统的深隐式插角结构是在衣身相对合体的情况下的有省设计（图7-8）。深隐式插角结构的退化，是对结构机理的智慧表达？还是对传统结构的漠视？或者已经将这种平面结构中表达立体的精妙方式丢弃了？重要的是这种重要信息标本的研究中被记录下来，才让我们认识到它的史学意义和文献价值。

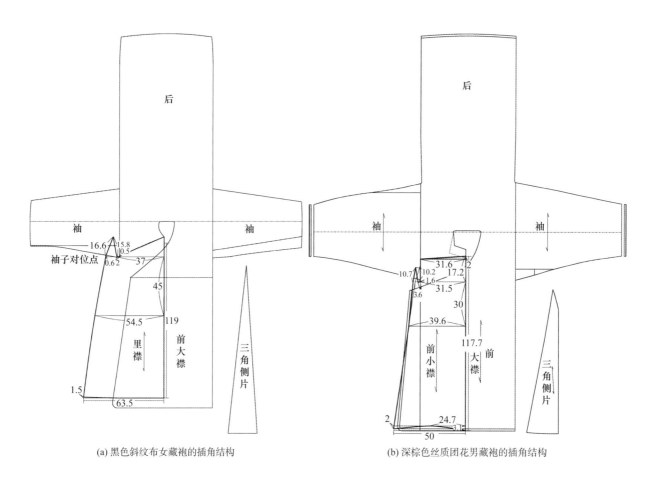

(a) 黑色斜纹布女藏袍的插角结构　　　　　　(b) 深棕色丝质团花男藏袍的插角结构

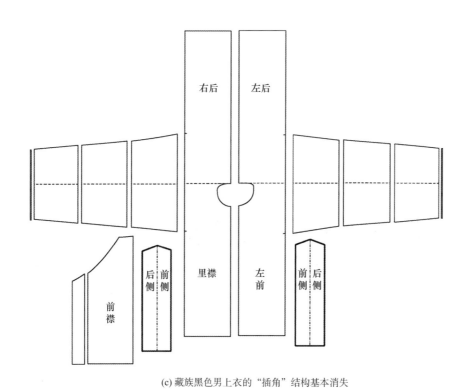

(c) 藏族黑色男上衣的"插角"结构基本消失

图7-8　传统深隐式插角结构与汉化后结构的比较

（二）在多种文化中保持本土文化技艺形态

通过对现代藏族上衣结构的研究，从整体结构上来看，藏族男上衣前后中有接缝，拼接大襟、采用立领的特征，明显受到了蒙汉服饰文化的影响，但我们又能够清晰地看到藏族原生态服饰结构的影子，即前后衣身保持布幅完整、接袖、三角侧片连裁。现代藏族服饰原生态的特征在减弱，与其他民族的共性在加强，成为一种多元文化结合的产物。随着现代经济的发展，文化交流的速度越来越快，这种多元文化的交融、文化的趋同化是不可避免的。正如人类学家所断言的，文化变迁是不可避免的，它是人类文明的一种永恒因素。但是这正是急需要我们进行深入的服饰结构研究的原因，服饰文化一旦出现了断层就很难找回其本真，而结构是个关键指标。汉服结构的消亡为我们敲响了警钟。可见在吸收外来文化的同时，在现实生活中保护、传承本民族的服饰文化技艺形态（非物质文化遗产）变得尤为重要。随着旅游业的发展，藏区与内地的联系日益密切，汉族的生活方式、穿着习惯等输入藏区，藏民也从市场上购买成衣以适应快节奏、更加便捷的生活方式。很多年轻人已经不再穿戴本民族服饰，转向了流行服饰（图7-9）。长此以往，在西藏这块宝贵的世界净土上，是不是藏族服饰也会像很多少数民族服饰一样成为一种"符号"，只是作为展示和标本呈现出来？这是最令人担忧的。

(a) 本土藏民的现代化穿着　　　　　　　　　(b) 穿着现代服装的年轻藏民（摄于拉萨色拉寺）
（选自《圣土边坝——走进西藏东部深处的秘地》）

(c) "下一代"服饰的现代化（摄于拉萨街头和小昭寺）

图7-9　藏族服饰穿着的"现代化"被加速

（三）藏族服饰文化研究注重实证考据的整理

随着民族文化的流失，政府、学术界对文化的传承与保护一直在努力，我们不可能将藏区人民封闭起来阻止其现代化的进程，而保护与开发相结合的模式并不理想（丽江模式最具代表性），重要的是首先要有科学的文化政策；其次是权威和主流社会的导向作用；第三是对传统文化的敬畏要形成全民的自觉意识。这需要培养一个绅士的精英社会。这虽然是个漫长的过程，但在学术上要特别加强"形而下"的研究。对于藏族服饰而言，应当以保护为先。首先最迫切的便是将传统民族服饰进行系统的整理，问题是我们不能仅限于对表象的探讨，因为藏文化是没有发生断层的文化形态，更应深入到结构层面的"基因"研究，像梁思成先生当年针对中国古建构造以测绘、数据采集为主进行的技术性整理一样，去记录探索民族文化的根。藏族服饰的"深隐式插角结构"就是其民族智慧灿烂的一笔，如果没有这种基于标本的"实证考据"和系统的整理研究，或许在不经意间这些历经千年积淀的人类文化遗产就不知不觉地丢失了。如果没有进行系统的结构信息梳理与复原，我们就无法知道藏族服饰结构的这种精髓及其所承载的历史信息，何谈传承？服饰作为藏族文化的一个组成部分尚且如此，作为整个西藏社会不同地区的民俗、不同的宗教文化、不同的建筑风格等，都应当从根源上找到方法进行系统整理深入挖掘，这对藏文化的传承与保护既是个重要指标，又是一个系统工程。

在现今初级市场经济状态下，我国民族经济经历着前所未有的经济和文化的快速转换，这一方面体现在国内各民族之间的多层面交流上，经济的发展、交通的便利、现代媒介的传播、旅游业的快速发展都成为其有力的推动力；另一方面体现在国际间经济文化的交流上，在当今欧美强势文化的影响下，在追求GDP增长的过程中，把民族文化当成绝对的经济竞争力，因此民族文化研究重表象轻内涵就不足为奇了，"实证考据"变得弥足珍贵但不可或缺。

第八章

藏族服饰结构图
谱在中华服饰结
构谱系中的特殊
地位

藏族服饰是我国少数民族服饰中从古至今没有断层，个性鲜明的一支。作为高原服饰的代表，其宽大厚重的袍服、对比强烈的色彩、华丽隆重的配饰和保持原生态的"三开身十字型平面结构"成为它极具标志性的象征。这个广泛分布在世界屋脊的民族如同盛开的格桑花耀眼而金贵地开放在中华民族之中，在当今时装大潮下，藏族传统仍然使大范围族人坚守着本民族服饰，这是难能可贵的，可以说它是完整、生态化和值得保护的中华文化遗产。从对藏族典型服饰结构进行的系统研究和结构图谱的整理中，我们看到藏族服饰在中国服饰史甚至人类服装史中具有自己鲜明的特色，同时具有中华服饰"十字型平面结构"的共同基因，表现出它在中华服饰结构谱系中的特殊地位。

一、藏族服饰结构图谱与中华服饰"十字型平面结构"系统

藏族服饰的整体风格粗犷而多变，通过对藏族袍服和上衣中具有代表性服饰结构的研究，对从平民到贵族、从民间到宗教和不同织物类型具有典型特征服饰结构的系统整理，我们发现虽然它们从外观上因形制、面料等原因而千差万别，但从结构的深度来看，不论是做工精致考究的贵族服饰还是相对粗糙的民间常服以及身份特殊的宗教服饰，它们都始终恪守着通袖线（水平）和以前后中心线（竖直）为轴线的"十字型平面结构"，无疑它们承载着我国传统服饰一贯的结构体系，传承了"十字型平面结构"的华服传统，是在长期的历史进程中与中华各民族文化不断交融的结果，成为中华民族服饰结构谱系中不可或缺的重要组成部分（表8-1）。

表 8-1　汉族与藏族典型服饰"十字型平面结构"图谱

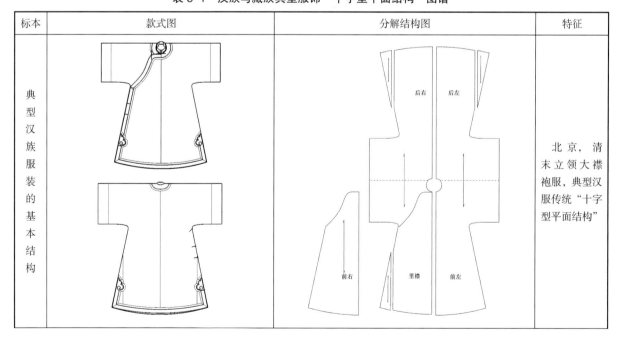

标本	款式图	分解结构图	特征
提花绸长袖藏族黄袍			青海，清代交领大襟长袍，典型藏袍"十字型平面结构"
蓝色几何纹团花绸藏袍			青海，清代立领大襟长袍，典型藏袍"十字型平面结构"
金丝缎豹皮饰边藏袍			四川，交领长袍，具有藏族"外整内碎"特色的"十字型平面结构"

标本	款式图	分解结构图	特征
黄缎喇嘛长袍			西藏，清代，交领长袍，典型藏族"拼接缝缀"特色的"十字型平面结构"
紫红坎肩藏袍			西藏，清代，交领无袖长袍，典型藏族"拼接缝缀"特色的"十字型平面结构"
藏族敞袖跳神大袍			青海，藏族跳神长袍，独特宗教特色拼接的"十字型平面结构"

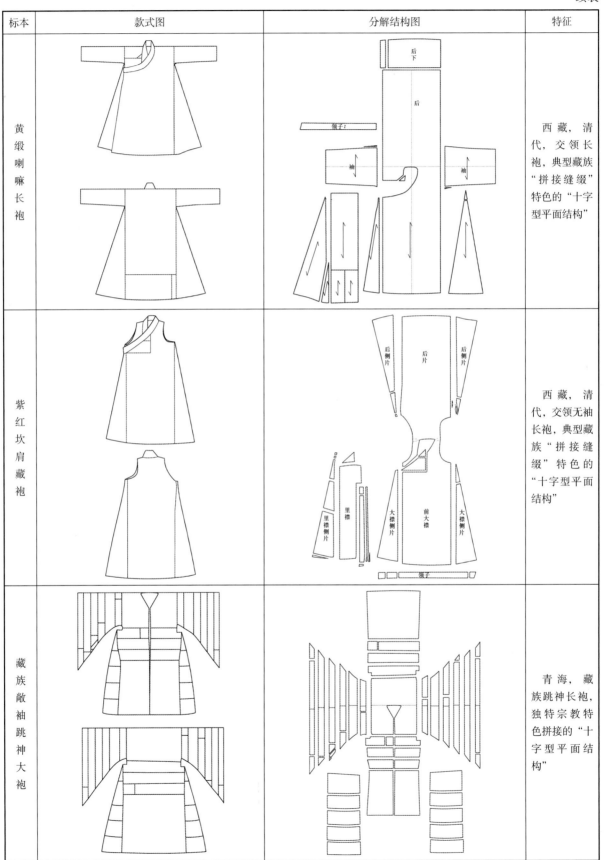

标本	款式图	分解结构图	特征
天华锦藏族官袍			西藏，清代交领官袍，具有汉蒙藏结构结合特色的"十字型平面结构"
白马藏男式偏襟袍服			四川，立领偏襟长袍，具有汉蒙藏结构结合特色的"十字型平面结构"
白马藏偏襟氆氇女长袍			四川，交领偏襟长袍，具有汉蒙藏结构结合特色的"十字型平面结构"

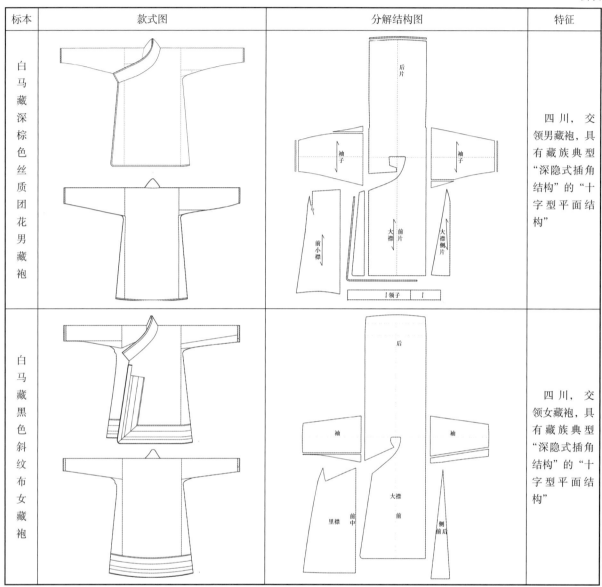

标本	款式图	分解结构图	特征
白马藏深棕色丝质团花男藏袍			四川，交领男藏袍，具有藏族典型"深隐式插角结构"的"十字型平面结构"
白马藏黑色斜纹布女藏袍			四川，交领女藏袍，具有藏族典型"深隐式插角结构"的"十字型平面结构"

然而藏族服饰结构体系的形成并不简单，渗透着藏汉文化、藏蒙文化和各民族文化交流借鉴的复杂性，通过以结构为载体的比较学研究，这种密码才得以破解。在"十字型平面结构"的基础上，藏族袍服与早期的蒙古族袍服结构同属一个系统，即前后衣身中间为一个整幅布料，无中破缝，不同的是藏袍结构为右衽，大襟连裁，里襟分裁；而蒙古族袍服结构为左衽，大襟分裁；里襟连裁（图8-1）。另一种上衣下裳的藏袍几乎采用对蒙袍的"拿来主义"，只是它们都沿袭了汉俗上衣下裳的右衽形制（图8-2）。

蒙袍和汉族服饰有着密切的联系，出现了蒙汉服饰结构共制的局面，但主体结构汉化明显：后期的汉、蒙服饰的典型结构均为衣身前后中有破缝，左右各是一个布幅，袖子与衣身连裁并接袖，前中拼接大襟（图8-3）；典型藏袍的结构则保持着固有的"藏蒙联盟"，为前后衣身连裁，采用一个完整的布幅，前后中无接缝，前后两侧均有三角侧片，袖子另接，在领至腋下断缝拼接里襟，形成独特的"三开身十字型平面结构"（参见图8-1）。这种原生态的保持不仅是布幅选择的必然，结构的

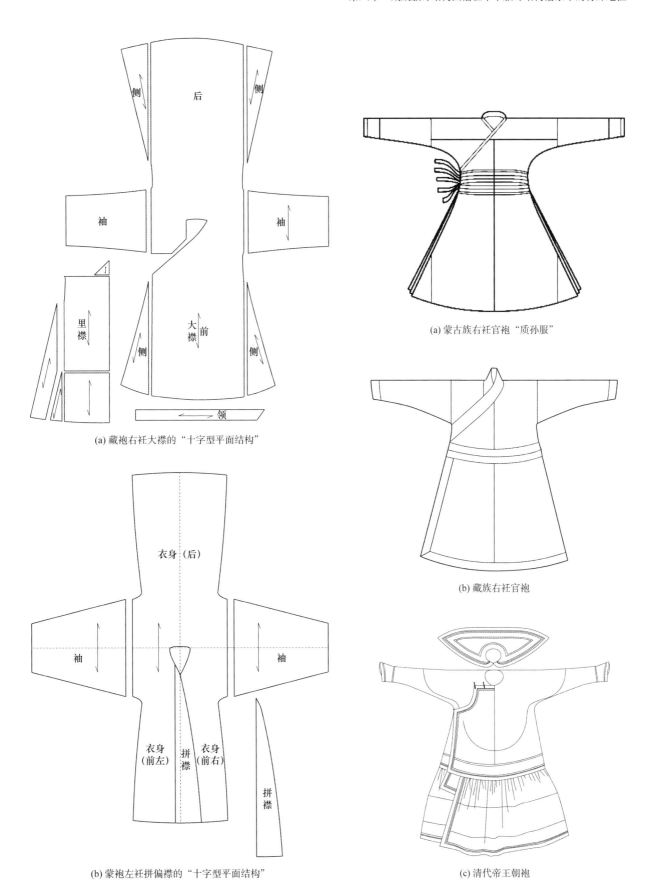

(a) 藏袍右衽大襟的"十字型平面结构"

(a) 蒙古族右衽官袍"质孙服"

(b) 藏族右衽官袍

(b) 蒙袍左衽拼偏襟的"十字型平面结构"

(c) 清代帝王朝袍

图8-1　藏族和蒙古族典型袍服结构对比图　　　**图8-2　蒙古族、藏族、满族承汉俗上衣下裳右衽形制**

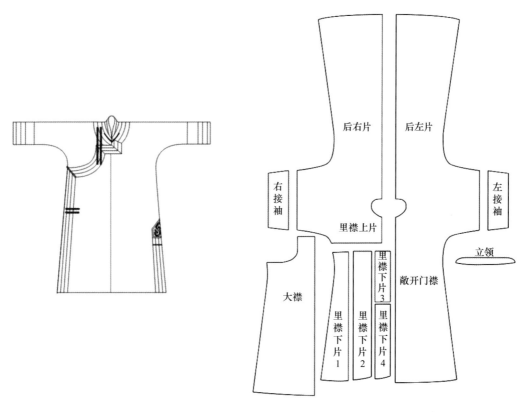

(a) 蒙古族典型袍服及结构分解图

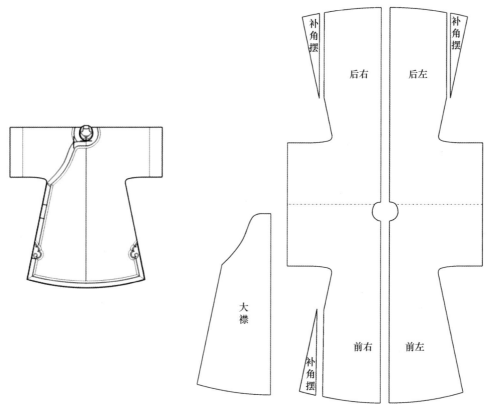

(b) 汉族典型袍服及结构分解图

图8-3　蒙古族和汉族典型袍服结构对比图

差异映射出藏民对生活方式、经济、文化有固守的愿望，也是自然环境"特异性选择"的结果。藏族普遍生活在高寒地区，气候寒冷，温差很大，对于藏族先民，游牧是其主要生活方式，即使有部分最终选择了农耕生活，还是保留了藏袍肥腰阔摆、厚质保暖、领子高、袖子长等一服多用的原始特征。这是由他们所处的地理位置、气候特点和生产生活方式决定的，虽然在自然条件、生活方式、宗教信仰各方面，藏族与蒙古族有很多共同点，但藏族在相当一段历史时期的故土意识使其保留了更加纯粹的民族性，这让我们感到庆幸。

其实，藏族服饰前后整布幅（无中缝）、接袖和补侧摆的结构形制不仅与蒙袍固有的结构属同一类型，在南方少数民族原生态服饰中和西域上古民族服饰的结构也如出一辙，只是藏袍的三角侧片保持着前后连裁的结构，这种形制在汉族和其他少数民族服饰结构中都未曾出现，只有在海南古润黎和宋辽时期蒙古袍服中出现过，并在元朝汉化运动后也消失了。更重要的是，在这古老的结构中衍生出类似先秦时期"小腰"的"深隐式插角结构"，说明现代固有的藏族服饰结构承载着中华活化石意义的古老信息，揭示了藏族服饰结构图谱在中华服饰结构谱系中所具有的特殊地位（表8-2）。

表 8-2　藏族、蒙古族、南方少数民族和西域民族服饰结构的古老信息

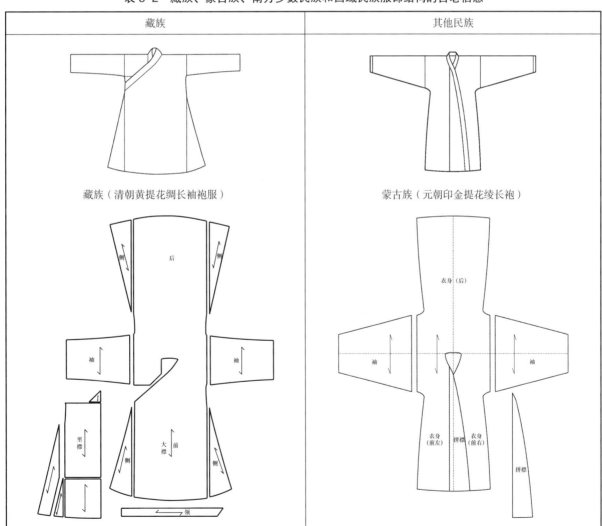

藏族	其他民族
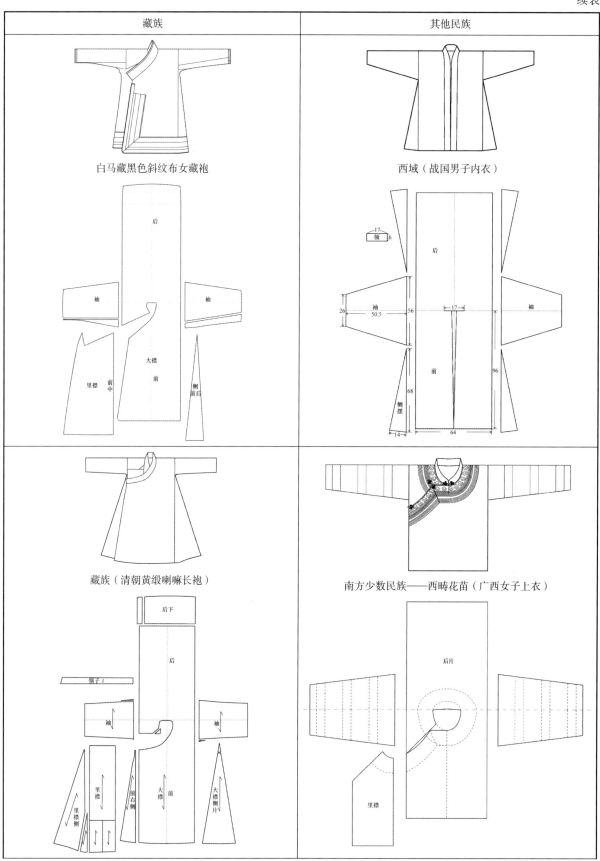	
白马藏黑色斜纹布女藏袍	西域（战国男子内衣）
藏族（清朝黄缎喇嘛长袍）	南方少数民族——西畴花苗（广西女子上衣）

藏族	其他民族

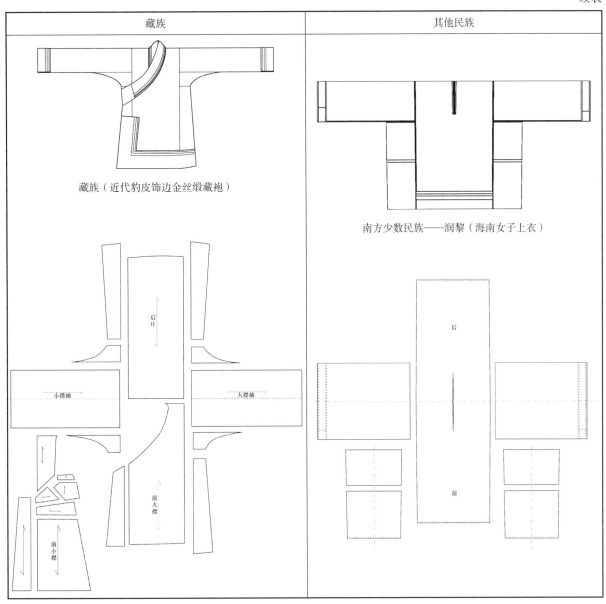

藏族（近代豹皮饰边金丝缎藏袍）

南方少数民族——润黎（海南女子上衣）

　　藏族服饰结构的另一个特点是不对称的拼缀，保持主体结构为一个布幅。藏族服饰肥腰阔摆的基本形制决定了其结构需要通过拼接来满足这种需求，它的设计原则是"外整内碎，表全里散"，同时以直线裁剪为主，这种分割拼缀形式与南方少数民族服饰结构的"碎拼"形式有异曲同工之妙：它们都追求服装表面的完整性简洁感，强调面料拼接是为了物尽其用而并非为了装饰，通过大量的拼接缝缀测试发现它们都位于里襟、腋下、里料等隐蔽部位就足以证明这一点。其分片多主要是出于节俭的需求，而且这是藏族社会历史上自上而下、不受阶级、贵贱、贫富约束的普世价值，这与中华传统"敬物尚俭"的持家哲学殊途同归（表8-3）。

表 8-3　藏族服饰结构的"拼接缝缀"与南方少数民族服饰结构的"碎拼"

二、藏服结构"宁朴无巧，宁俭无俗"的中华精神

　　由于地理位置、自然条件和全民信教的社会生态，藏族一直处于社会发展的边缘地带。经济发展基本靠自然经济，物质资源相对匮乏，而且受宗教教义的影响，不追求开发自然，而更加敬畏自然，对有限的物质资源尊崇的思想比中原民族传统的节俭意识更为强烈，在服饰结构中"备物致用"的表现得淋漓尽致，其节俭思想在藏族服饰的布幅决定结构、拼接缝缀和"随类赋彩"的不对称结构中，深刻体现着"人以物为尺度"精神。

　　藏族服饰成为诠释"布幅决定结构，物尽其用"节俭思想的典范。藏族典型袍服的前后衣身使用一整块面料布幅，前后片与大襟连裁，从领到腋下部位断开拼接里襟，袖子另接，当布幅不能满足袖长时，袖子便使用与衣身不同的横向丝道，这样在袖片中间就不会有拼接现象（传统汉服由于采用左右布幅，使接缝向袖中间延伸而拼袖）。袖子与衣身的拼接位置形成一个模糊的肩位，这是由布幅的宽度决定的。由于衣身前后片由一个有限的布幅构成，为了肥腰阔摆的多功能需求，在衣身前后片两侧从腋下至底摆增加三角侧片来满足宽摆要求。这种结构从根本上说是布幅作用的结果，而且对于宽大的藏族袍服而言，这种裁剪方式可以使面料的使用在中部保持完整且达到最大化，形成铺盖、行囊和服饰的混合体。袖身分离和增加三角侧片的结构，虽然有连裁也有分裁（汉族只有分裁），但并非立体的思维而是基于节俭思想，这与汉族服饰"敬畏造物"（织物来之不易，系天赐神授）理念的"布幅决定结构形态"不谋而合，不变的是它们都保持"十字型平面结构"中华一统的结构体系。

　　藏族服饰的拼接缝缀体现在服装结构的诸多方面，在从民间的常服到贵族服饰甚至官袍，织物的多片拼接，甚至在主结构上使用不同的拼接面料，小到有限的缝份、贴边、饰边的拼接，大到里襟、腋下三角等都用大量的拼缀手段，无不向人们诉说着藏族先民惜物如金的美德与智慧。这与南方少数民族服饰结构分割多、细部拼接多的结构特点有相似之处，但藏族服饰结构表现出很强的面料整一性诉求，这和藏族古老本教"自然皆灵"观念的影响很大。藏民崇拜天地、山林、水泽成为精神自觉，形成藏传佛教之后，从天神显身转化为活佛转世，尽量保持布料完整的服饰便成为天赐的神物，所以藏服结构的主体总是要保持一个完整的布幅，通过结构研究也充分证实了这一点。将这些拼接尽可能地放置在腋下、里襟及里料等隐蔽的部位，是宗教的力量让人们为"节俭"付出了极大的耐心与智慧。基于节俭思想的设计是我国传统民族服饰结构的共性，藏族、汉族和其他少数民族服饰结构在节俭的动机上是一致的，只是其具体的表达方式不同，值得思考的是，这并没有成为今天人们放之四海而皆准和最值得继承的行为自觉。

　　在藏族典型服饰中，不对称结构普遍存在，这是"需要和实用决定形式"的典范。交领不对称、侧片结构不对称、袖子腋下插角不对称和不对称的穿着方式等，这些都是藏族服饰结构的典型特征。这与其不强调合体而肥大的形制有关。汉服左右对称的规整体制与强大的封建礼制不无关系；而藏服则是藏传佛教自然崇拜的转世神物，其结构的灵活性与多变性通常自然流露，这样就给最大限度地节省面料找到了一个最强有力和最合乎情理的缘由，而最节约的形式必然是不对称结构结合"拼接缝缀"，这正是藏服结构追求"人以物为尺度"的境界而呈现独一无二的特点。这在今天看来也是生态

美学无不在探寻、追求的境界。事实上在中华漫漫的历史长河中，这种敬物尚俭的格物致知思想已经演变成为中华民族天人合一的审美标准，而西藏民族更像伟大而执著的践行者。就整个中华文明史而言，并不缺少"敬物尚俭"的思想传统。孔子在《论语》中说，"奢则不孙，俭则固；与其不孙也，宁固。"即奢侈便不顺于礼，太节俭了又陷于固陋；与其不顺于礼，宁可固陋。明朝末年著名画家文震亨在他的著作《长物志》中提到："随方制象，各有所宜，宁古无时，宁朴无巧，宁俭无俗"。这表达了古人秉持的道家观点，认为简朴素雅之中往往包含着深刻的哲学思想，可谓简简单单之中包罗万象，古朴静谧之中透着高贵与典雅。藏族服饰形态的布幅决定结构、拼接缝缀和不对称结构的"备物致用"的宗教理念与中华各民族所传承的尚俭敬物、天人合一的道儒思想有着异曲同工之妙，更何况它还具有比我们的想象更为深刻和理智的科学表现，这与物资的丰匮、地位的高下、身份的贵贱，甚至宗教，都没有必然联系，它已经成为中华民族集体意志的审美取向与生活态度。这是最令人深思的。

三、藏袍深隐式插角结构的史学意义

在中华服饰史上，战国楚墓袍服的"小腰"结构成为中华服饰"十字型平面结构"系统用平面塑造立体的典型代表，但它在后世历朝历代的服饰结构衍化中销声匿迹了，而在藏族古典服饰结构研究中，我们发现了"深隐式插角结构"。虽然它与楚袍"小腰"结构并不完全相同，但功能是一致的。无论怎样，藏袍"深隐式插角结构"独特性的发现在中华服饰史研究中具有重要意义，甚至它的人类服饰史学意义也是不能忽视的。值得研究的是它们是传承关系，是上古的遗存，还是固有地域文化本体的呈现？无论怎样，藏袍的深隐式插角结构是对藏族典型服饰结构进行研究的一大发现，它似乎游离于中华传统服饰结构系统之外。在藏服中，深隐式插角结构通常是不对称的，一边采用前后连裁的独立三角侧片上端呈插角入袖，另一边是三角侧片与里襟连为一体后上端设插角入袖，其作用相当于现代腋下袖裆技术。这种深隐式插角结构精妙的表达方式，在清代藏袍中就已经普遍运用了，显然它存有明显的立体意识。然而，从藏族服饰的分片多到隐形立体插角结构，始终没有脱离"十字型平面结构"的中华服饰系统，换句话说，在结构意识上始终没有脱离根本的平面思维。这种立体结构是在平面思维的指导下进行的，与现代结构学中的立体概念有本质的区别。客观上它与上古楚墓袍服的"小腰"结构的功用相似。然而，这种沧海叶舟的服饰碎片昙花一现，在之后的汉唐、宋元、明清各代，不论是汉、异服中均未出现，藏袍"深隐式插角结构"的发现是中华服装结构的活化石。

将古老藏袍的深隐式插角结构与现代的藏族服饰相比，我们不禁担忧这种民族服饰的原生结构会随着服饰的现代化而消失。较近现代的藏族氆氇袍服的侧片虽然也有腋下插角，但已经变成了平面结构，而茧绸藏式衬衣已经完全采用了现代的立体结构。我们并不是对现代的立体结构怀有排斥态度，因为人类的文明和历史是要靠多元和先进的文化载体传承的。从某种意义上讲，"深隐式插角结构"的消失，意味着藏民族服饰传统的精华将会进入历史，如果再不对其进行抢救性整理、研究，恐怕那些民族独特而伟大的智慧之光将不复存在（表8-4）。

表 8-4　藏袍深隐式插角结构的综合比较

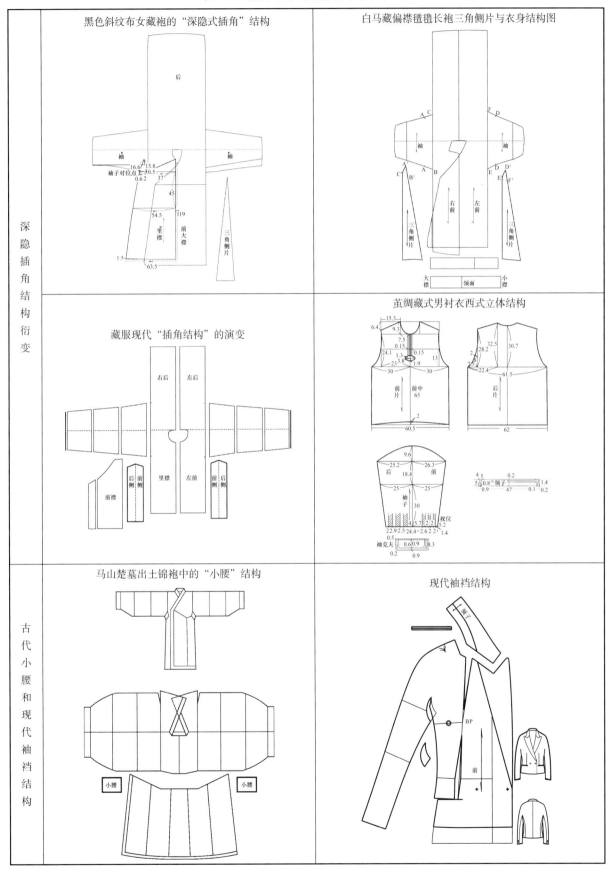

通过对藏族典型服饰结构的系统整理，以及与汉族、其他少数民族传统服装结构的对比研究，我们看到了中华服饰大一统的文脉和大同存异的多元物质文化。藏族服饰主体结构上仍保持着"十字型平面结构"的整体状态，同时又有自己独特的结构特征，这些正是中华民族文化共同的宝贵财富。在民族文化的传承日益受到威胁的同时又受到重视的今天，对民族文化的挖掘更应突破表征，重视其文化传承根源深处的点点滴滴，锲而不舍地去探究。民族服饰是民族文化的重要载体，我们不能只简单浮于对其象征符号和元素的采集，必须结合结构的考证，否则我们就无法破解"深隐式插角结构"在藏族服饰中的文化价值，无法理解氆氇藏袍缘饰系统五彩和五行、贴边隐藏"五福捧寿"的藏汉文化交流的秘密，也无法深入到藏族服饰表征背后的精神生态之中。

参考文献

［1］丹珠昂奔. 西藏文化发展史［M］. 兰州：甘肃人民出版社，2001.

［2］李永宪. 西藏原始艺术［M］. 石家庄：河北教育出版社，2000：83-84.

［3］叶玉林. 天人合一取法自然——藏族服饰美学Ⅱ［J］. 西藏艺术研究，1996（3）.

［4］多杰才旦. 中国藏族服饰. 评价［M］. 北京：中国藏学出版社，2000.

［5］吴永红. 从元代长袍和格陵兰长衣看中西方服装结构的差异［D］. 北京服装学院，2006.

［6］刘瑞璞. 服装纸样设计原理与应用. 男装编［M］. 北京：中国纺织出版社，2008：10.

［7］李洪蕊. 中国传统服装"十"字型平面结构初探［D］. 北京：北京服装学院，2006.

［8］陈静洁. 清末汉族古典华服结构研究［D］. 北京：北京服装学院，2010.

［9］何鑫. 中国南方少数民族服饰结构考察与整理［D］. 北京：北京服装学院，2011.

［10］邹云利. 中国南方少数民族服饰结构考察与整理［D］. 北京：北京服装学院，2011.

［11］李景隆. 西部传统民俗事象中的象征及其蔓学内涵Ⅱ［J］. 青海民族学院学报，2004
（4）.

［12］陈立明. 西藏民俗文化［M］. 北京：中国藏学出版社，2003.

［13］张鹰. 西藏服饰［M］. 上海：上海人民出版社，2009.

［14］安旭，李泳. 西藏藏族服饰［M］. 北京：五洲传播出版社，2001.

［15］李春生. 藏族服饰［M］. 重庆：重庆出版社，2007.

［16］乔高才让. 天祝藏族民俗［M］. 兰州：甘肃文化出版社，2010.

［17］与君伦，阿春，晓伟. 圣土边坝——走进西藏东部深处的秘地［M］. 中央编译出版社，
2010.

［18］杨清凡. 藏族服饰史［M］. 西宁：青海人民出版社，2003.

［19］中国藏族服饰编委会. 中国藏族服饰［M］. 北京：北京出版社，2002.

［20］中国藏学年鉴编辑委员会. 中国藏学年鉴［M］. 北京：中国藏学出版社，2009.

［21］陈立明，曹晓燕. 西藏民俗文化［M］. 北京：中国藏学出版社，2010.

［22］安旭. 藏族美术史研究［M］. 上海：上海美术出版社，1988.

［23］安旭. 藏族服饰艺术［M］. 天津：南开大学出版社，1988.

［24］星全成. 藏族文化现代化转化之可行性研究［J］. 西北民族学院学报（哲学社会科学
版），1995，（4）.

［25］诸葛铠，等. 文明的轮回：中国服饰文化的历程［M］. 北京：中国纺织出版社，2007：7.

［26］沈从文. 中国古代服饰研究［M］. 上海：上海书店出版社，2002.

［27］周锡保. 中国古代服饰史［M］. 北京：中国戏剧出版社，2002.

［28］黄能馥，陈娟娟．中国服装史［M］．北京：中国旅游出版社，2001．

［29］赵连赏．中国古代服饰图典［M］．昆明：云南人民出版社，2007．

［30］（日）中泽愈，著．人体与服装：人体结构·美的要素·纸样［M］．袁观洛，译．北京：中国纺织出版社，2005．

［31］费孝通．中国少数民族服饰图册序Ⅱ［J］．新华文摘，1981（11）：251-252．

［32］（德）格罗塞．艺术的起源［M］．蔡慕晖．译．北京：商务印书馆，1984．

［33］（德）黑格尔．美学（第1卷）［M］．朱光潜，译．北京：商务印书馆，1979：212．

［34］彭书麟．西部审美文化［M］．武汉：湖北教育出版社，1990．

［35］启耀．民族服饰——一种文化符号［M］．昆明：云南人民出版社，1992．

［36］王晓光．试论实用功能在中国古代服装发展中的作用［J］．艺术研究，2007（2）．

［37］高春明．中国服饰［M］．上海外语教育出版社，2002．

［38］杨成贵．中国服装制作全书［M］．香港：艺苑服装裁剪学校，1999．

［39］华梅．人类服饰文化学［M］．天津：天津人民出版社，1995．

［40］西藏研究室编辑部．清实录藏族史料［M］．拉萨：西藏人民出版社，1982．

［41］索文清等．藏族史料集（一）、（二）、（三）、（四）［M］．成都：四川民族出版社，1993．

［42］藏族简史编写组．藏族简史［M］．拉萨：西藏人民出版社，1985．

［43］次仁央宗．西藏贵族世家［M］．北京：中国藏学出版社，2005．

［44］（法）石泰安，著，西藏的文明［M］．耿昇，译．北京：中国藏学出版社，2012．

［45］班固．汉书［M］．河南：中州古籍出版社，1996．

［46］刘安．淮南子［M］．辽宁：万卷出版公司，2009．

［47］欧阳修，宋祁．新唐书［M］．北京：中华书局，1975．

［48］宋应星．天工开物［M］．上海：上海古籍出版社，2008．

［49］（印）群沛诺尔布．西藏的民俗文化［J］．向红笳，译．西藏民俗，1994（1）．

［50］周裕兰．康巴藏服——五彩祥云［J］．中外文化交流，2013（5）．

［51］王世舜，王翠叶（译）．尚书［M］．北京：中华书局，2012．

［52］多吉·彭措．康巴藏族服饰［J］．中国西部，2000（4）．

［53］黄能福，陈娟娟，黄钢．服饰中华——中华服饰七千年［M］．北京：清华大学出版社，2011．

［54］Claudia Muller. *The Timeline of World Costume* ［M］，1993．

［55］James Laver. *Costume and Fashion* ［M］，2002．

［56］Tean-Pierre Drege, Emil m. Buhrer. *The Silk Road Saga* ［M］，1989．

［57］B.N.Goswamy. *Indian Costume* ［M］．D.S.Mehta，1993．

［58］Tennifer Harris. *5000 Years of Texiles* ［M］．The British Museum Press，2004．

［59］Coaudia Muller. *The Timeline of World Costume* ［M］，1993．

后记

围绕藏族服饰结构研究的田野调查、实地考察、博物馆标本研究、档案馆文献考案和专业人士、民间艺人咨询访研、采集信息前后历经了5～6年，这相当于五年规划项目，期间有计划总结并以适当的形式呈现出阶段性成果，才有了今天《藏袍结构的人文精神——藏族古典袍服结构研究》的出版。因此有必要将此成果大事记，以后记形式将这个艰苦岁月记录下来，以呈现本书出版的心路历程。

2009年8月29日～9月30日，硕士研究生陈静洁随着北京联合大学艺术系服装本科专业，由教师曹建中、王羿带队进行为期33天包括藏区的云南少数民族服饰文化田野调查。

2010年8月26日～9月28日，研究生陈果、何鑫随北京联合大学艺术系服装本科专业第二次考察，由教师曹建中、王羿带队进行为期34天的西南少数民族服饰文化实地考察。

2012年6月18日～7月26日历时39天，我率研究生王丽珺、周长华、马立金、尹芳丽沿河西走廊古丝绸之路，途径京、冀、豫、陇、青、藏7个省市及自治区，3个省会城市、9个地级市。考察参观博物馆8座、古宅3座、庄园2座、拉康（宫殿）5座、寺院25座，其中汉传佛教寺院5座，藏传佛教寺院17座，伊斯兰清真寺3座。总行程12000公里。2012年9月13日～23日在北京服装学院举办"西藏·朝圣之路"汇报展和学术报告，主讲人是我的研究生周长华。

2012年9月确定硕士研究生王丽珺研究课题为"藏族服饰结构研究"并通过开题。2012年9月～2013年10月，经过一年时间对北京服装学院民族服饰博物馆标志性藏族服饰标本14件套进行全息数据采集和结构图复原工作。研究生王丽娟学位论文《藏族服饰结构研究》通过盲审并取得93分，为本届盲审论文最高分。《藏族服饰结构研究》所做的基础性工作为本书的出版奠定了基础。2013年9月王丽珺、刘瑞璞论文《藏族袍服结构的智慧》在《服饰导刊》发表。研究团队成员马立金的《西藏服饰邦典信息的解析》、周长华的《酥油花技艺的心灵释放》和王丽珺的《风马旗蕴含藏汉文化同构的圣物》论文均在《艺术设计研究》上发表。

2013年12月国家出版基金项目《中华民族服饰结构图考》汉族编和少数民族编由中国纺织出版社出版。其中少数民族编收录了西南地区输入型藏族服饰结构图信息，但无论从类型、体量到研究深度都不足以全面呈现。为此规划《藏族服饰结构研究》单独成书，以提高其学术性和藏族服饰研究的开拓性工作。"藏族服饰结构研究"确定为博士生陈果选题。

2014年8月2日～13日，我率研究生陈果、魏佳儒、薛艳慧、李静、万小妹进行包括藏区的四川少数民族服饰文化考察。

2015年7月17日～24日，我率研究生陈果、朱博伟、于汶可、刘畅进行江南三织造和南京第二国家档案馆包括藏汉文书往来文献的调查。

2015年8月陈果、刘瑞璞论文《氆氇藏袍结构的形制与节俭计算》被《纺织学报》录用。

2015年7月27日～8月1日，我随北京市科委赴藏与西藏大学艺术学院展开项目合作。

2015年8月27日～9月24日历时29天，我率研究生陈果、魏佳儒、朱博伟、赵立、于汶可进行黔、川、藏民族文化考察，总行程19910公里，考察参观寺庙、拉康（宫殿）及佛教遗迹24处、博物馆档案馆11处、古村落6处，访问专业人士和民间艺人9人、僧侣11人。

2015年11月13日～20日在北京服装学院举办"黔川藏少数民族文化考察报告"汇报展。

2015年11月10日～29日博士研究生陈果、常乐，教师马玲对四川白马藏区的平武、九寨沟以及西藏拉萨、日喀则等藏族服饰现状进行了田野调查。

2016年8月25日～9月29日历时39天，我率研究生陈果、赵立、朱博伟、刘畅、于汶可赴蒙、宁、新、藏考察，在西藏主要对阿里地区的普兰藏族服饰进行了实地考察。

2016年12月12日～18日举办了"丝绸之路与古格文化考察纪实展"。12月13日举办了题为"藏传佛教与古格王朝"学术报告会，报告人为我的在读博士生陈果。

最后要感谢本著作在成书过程中，四川阿坝藏族羌族自治州红原县民间藏族艺人旦真甲和旦真在现代藏袍技艺上给予无私的技术指导并毫无保留地提供古典藏袍古法裁剪演示并赠送裁片制成成衣样本；感谢西藏自治区档案馆历史处处长妮玛、馆员才让当知在有关文献考案、藏文翻译等方面提供的支持和帮助；感谢研究生朱博伟在本书图片编辑上倾注的精力和数字技术进行成书的版式设计与制作。

感谢我的爱人刘晓宁，虽然她只是一贯精神上的支持，不过分配点任务还算努力，但说不上认真，这和她"百病"缠身有关。2016年春节的寒假期间，我将九千多幅"藏考"图片和文献图片筛选出三千多幅，再从三千多幅精选出三百多幅多为一手藏族图片，交给她逐一整理，这项任务让她崩溃了，能够理解，因为我也快崩溃了，好在大家的努力终于有了精彩的回报。

把她献给我的爱人刘晓宁！

2017年3月于北京